AF822846

Konzept zur disziplinübergreifenden Konfiguration in CAx Systemen durch automatisch extrahierte Merkmalsmodelle

Concept for Interdisciplinary Configuration in CAx Systems using Automatically Extracted Feature Models

Von der Fakultät für Maschinenwesen
der Rheinisch-Westfälischen Technischen Hochschule Aachen
zur Erlangung des akademischen Grades eines
Doktors der Ingenieurwissenschaften
genehmigte Dissertation

vorgelegt von

Andreas Karlberger

Berichter:

Univ.-Prof. Dr.-Ing. Christian Brecher
Univ.-Prof. Dr.-Ing. Jörg Feldhusen

Tag der mündlichen Prüfung: 11. August 2015

ERGEBNISSE AUS DER PRODUKTIONSTECHNIK

Andreas Karlberger

Konzept zur disziplinübergreifenden Konfiguration in CAx Systemen durch automatisch extrahierte Merkmalsmodelle

Herausgeber:
Prof. Dr.-Ing. Dr.-Ing. E. h. Dr. h. c. Dr. h. c. F. Klocke
Prof. Dr.-Ing. Dipl.-Wirt. Ing. G. Schuh
Prof. Dr.-Ing. C. Brecher
Prof. Dr.-Ing. R. H. Schmitt

Band 12/2016

WZL | RWTH AACHEN UNIVERSITY

Fraunhofer IPT

Bibliografische Information der Deutschen Nationalbibliothek
Die Deutsche Nationalbibliothek verzeichnet diese Publikation in der Deutschen Nationalbibliografie; detaillierte bibliografische Daten sind im Internet über http://dnb.ddb.de abrufbar.

Andreas Karlberger:

Konzept zur disziplinübergreifenden Konfiguration in CAx Systemen durch automatisch extrahierte Merkmalsmodelle

1. Auflage, 2016

Gedruckt auf holz- und säurefreiem Papier, 100% chlorfrei gebleicht.

Apprimus Verlag, Aachen, 2016
Wissenschaftsverlag des Instituts für Industriekommunikation und Fachmedien an der RWTH Aachen
Steinbachstr. 25, 52074 Aachen
Internet: www.apprimus-verlag.de, E-Mail: info@apprimus-verlag.de

Druck: KN Digital Printforce GmbH, Stuttgart

ISBN 978-3-86359-416-9

D 82 (Diss. RWTH Aachen University, 2015)

Vorwort

Die vorliegende Arbeit entstand während meiner Tätigkeit als wissenschaftlicher Mitarbeiter am Werkzeugmaschinenlabor (WZL) der Rheinisch-Westfälischen Technischen Hochschule Aachen.

Herrn Prof. Dr.-Ing. Christian Brecher, dem Inhaber des Lehrstuhls für Werkzeugmaschinen der RWTH Aachen, danke ich für die fachliche Betreuung sowie die großzügige Unterstützung und Förderung meiner Tätigkeit, was die Entstehung dieser Arbeit ermöglichte. Für die Übernahme des Koreferats bin ich Herrn Prof. Dr.-Ing. Jörg Feldhusen, dem Lehrstuhlinhaber und Leiter des Instituts für Allgemeine Konstruktionstechnik des Maschinenbaus der RWTH Aachen, zum Dank verpflichtet.

Dem früheren Leiter der Abteilung Steuerungstechnik und Automatisierung Herrn Dr.-Ing. Werner Herfs danke ich für das mir entgegengebrachte Vertrauen, die Unterstützung meiner Arbeiten sowie die spannenden und hilfreichen Diskussionen im Themenfeld Engineering.

Die dieser Arbeit zugrundeliegenden Software-Entwicklungen wurden maßgeblich durch Herrn David Tegtmeyer, Frau Annette Glindmeyer, Frau Walburga Hobbie und Herrn Johannes Nittinger unterstützt, denen ich für ihre große Motivation und Einsatzbereitschaft danke.

Meinen Diplomarbeitern und studentischen/wissenschaflichen Hilfskräften Herrn Johannes Nittinger, Frau Nan Zhao, Herrn Marco Herder und Herrn Anton Naumov danke ich für die Unterstützung bei der Bearbeitung von Aufgaben rund um das betrachtete Themenfeld. Für die Unterstützung bei den zahlreichen IT-technischen Herausforderungen danke ich dem Team der zentralen EDV und insbesondere Herrn Hartmut Niederhagen.

Zu besonderem Dank verpflichtet bin ich den Mitarbeitern der Firma Dörries Scharmann Technologie GmbH für die Unterstützung in der Definition der Fallbeispiele. Mein Dank gilt insbesondere Herrn Dr.-Ing. Marcus Queins, Herrn Dr.-Ing. Bruno Valkyser und Herrn Christian Nientimp.

Dem nachfolgenden Abteilungsleiter Herrn Dr.-Ing. Wolfram Lohse sowie meinen ehemaligen Kollegen Herrn Daniel Behnen und Herrn Denis Özdemir danke ich für die wertvollen Anmerkungen und Verbesserungsvorschläge zum Manuskript.

Weiterhin möchte ich mich bei den Mitarbeitern der Abteilung Steuerungstechnik und Automatisierung für die freundschaftliche Arbeitsatmosphäre bedanken.

Mein besonderer Dank gilt meinen Eltern, die mir immer wieder Motivation und Rückhalt gegeben haben.

Stuttgart im Januar 2016 Andreas Karlberger

Inhaltsverzeichnis

Content

Abkürzungsverzeichnis

Abbreviations

ALM	Application Lifecycle Management
AND	Logisches UND
API	Application Programming Interface
ATO	Assemble-to-Order
BTO	Build-to-Order
BTS	Build-to-Stock
CAD	Computer Aided Design
CAM	Computer Aided Manufacturing
CAx	Computer Aided 'x' (x = beliebige Planungsaktivität)
CTO	Configure-to-Order
CTR	Cross-Tree-Relation
DIN	Deutsche Industrienorm
DSL	Domain Specific Language
DST	Dörries Scharmann Technologie GmbH
ECAD	Elektro-CAD
EEC	EPLAN Engineering Center
EMF	Eclipse Modeling Framenwork
EMOF	Essential MOF
ERP	Enterprise Ressource Planning
ESB	Enterprise Service Bus
ETO	Engineer-to-Order
FC	Function
FEM	Finite Elemente Methode
FG	Function Group
FODA	Feature Oriented Domain Analysis
GMF	Graphical Modeling Framework
GPML	General Purpose Modeling Language
HIL	Hardware-in-the-Loop
HMI	Human Machine Interface
IIS	Internet Information Services
ISO	International Organisation for Standardization
IT	Informationstechnik
M	Metalevel
M2M	Modell-zu-Modell
MBSE	Model Based Systems Engineering
MCAD	Mechanik-CAD

MDA	Model Driven Architecture
MES	Manufacturing Execution System
MOF	Meta Object Facility
Mutex	Mutual exclusive
NC	Numeric Control
OCL	Object Constraint Language
OG	Option Group
OMG	Object Management Group
OP	Option
OPT	Optional
OR	Logisches ODER
OSLC	Open Services for Lifecycle Collaboration
OWL	Web Ontolgy Language
PDM	Product Data Management
PLM	Product Lifecycle Management
PPS	Produktionsplanung und -steuerung
QVT	Query, View, Transformation
QVTo	QVT Operational Mappings
RCP	Rich Client Platform
RDF	Ressource Description Framework
REST	Representational State Transfer
SOA	Service Oriented Architecture
SPL	Software Product Line
SPS	Speicher programmierbare Steuerung
STEP	Standard for the Exchange of Product Data
SysML	Systems Modeling Language
UML	Unified Modeling Language
URI	Uniform Resource Identifier
VEIA	Verteilte Entwicklung und Integration von Automotive-Produktlinien
WERO	Werkzeugwechsler mit Roboter
WFK	Winkelfräskopf
XML	Extensible Markup Language
XNOR	Exclusive NOT OR
XOR	Exclusive Or

1 Einleitung

Introduction

Werkzeugmaschinen nehmen im Maschinen- und Anlagenbau eine Sonderstellung ein, da sie benötigt werden, um unterschiedlichste Arten von Produkten herzustellen. Die Werkzeugmaschinenbranche hat daher eine hohe volkswirtschaftliche Bedeutung. [WECK06a, S.1]

Die Situation im deutschen Werkzeugmaschinenbau ist geprägt vom Spannungsfeld aus Individualisierung und Kostendruck. Um in Wachstumsmärkten heutiger Niedriglohnländer bestehen zu können, ist die Fähigkeit der individuellen Leistungserbringung von großer Bedeutung, da reine Standardprodukte zunehmend von den dort ansässigen lokalen Anbietern bezogen werden [VDMA14, S.41]. Dem gegenüber steht die Erkenntnis, dass Unternehmen, die sich primär auf Standardprodukte fokussieren, heute eine höhere Rendite erzielen als Hersteller, die individuelle Kundenwünsche erfüllen. Ein vielversprechende Ansatz wird daher in einer Kombination aus Standardisierung und Lösungsgeschäft gesehen [ebd., S.29f].

Mit dem Ziel, die wirtschaftliche Herstellung kundenindividueller Produkte zu ermöglichen, setzt das Konzept der *individualisierten Produktion* (engl. „Mass Customization“) auf eine Kombination aus Massenproduktion und Einzelfertigung [SCHU11a, S.84].

Im Bereich des Standards lassen sich durch eine systematische Planung von Produktfamilien und Baukastensystemen Skaleneffekte erschließen und Entwicklungskosten durch Mehrfachverwendung senken (vgl. [SCHU10, S.10]).

Auch für individuelle Produkte lassen sich Produktstrukturen vordenken, die über entsprechende Freiräume und Flexibilität zur auftragsspezifischen Anpassung verfügen (vgl. [LIND06, S.46]).

Eine der Hürden für die Umsetzung der individualisierten Produktion von Werkzeugmaschinen stellt die hohe Produktkomplexität dar. Werkzeugmaschinen weisen eine räumliche Integration von Mechanik, Elektrik, Elektronik und Software auf [WECK06b, S.2]. Die Gesamtheit der im industriellen Entwicklungsumfeld eingesetzten CAx Systeme, wie beispielsweise Elektro-CAD (ECAD) und Mechanik-CAD (MCAD), bildet typischerweise eine heterogene IT-Landschaft (vgl. [SEND09, S.17f]).

Die Vorgehensweise im Engineering der letzten Jahre basiert häufig auf Kopieren und Anpassen von Entwicklungsdokumenten aus Vorgängerprojekten. Dieser Ansatz birgt das Risiko einer unzureichenden Standardisierung, einer verringerten Qualität und höherer Entwicklungsaufwände. [LITT06, S.13]

Die nachhaltige Einführung des Produktfamilien- und Baukastenprinzips erfordert hingegen Mittel zur konsequenten Vermeidung redundanter Daten. Grundgedanke hierbei ist die Tatsache, dass durch die Beschränkung auf *eine* gültige Quelle die Datenkonsistenz entscheidend gesteigert wird und sich (produktübergreifende) Änderungen effizient durchführen lassen (vgl. [HUNT00, S.26ff]).

Angewandt auf die Planung von Produktfamilien im Werkzeugmaschinenbau bedeutet der Ansatz, dass neben den zu realisierenden Produkten auch die zugrundeliegenden CAx Projektdaten konfigurierbar gestaltet werden müssen. Da die Individualisierung einer Werkzeugmaschine auf einer vordefinierten Ausprägung basiert, die den Kundenanforderungen am nächsten kommt, müssen vor der Anpassungsentwicklung sämtliche an der Produktentstehung beteiligten Autorensysteme mit den entsprechend konfigurierten Projektdaten initialisiert werden.

Zur Konfiguration auf Ebene der CAx Systeme gewinnen sogenannte datenintegrative Konfiguratoren zunehmend an Bedeutung. Aufgrund der tiefen Integration in Datenmodelle und Benutzeroberflächen weisen Konfiguratoren dieses Typs eine hohe Ergonomie und Leistungsfähigkeit im Vergleich zur Systemkopplung auf (vgl. [SCHÄ03a, S.39]).

Vor dem Hintergrund der heterogenen IT-Landschaft und des Potenzials verteilter, datenintegrativer Konfiguratoren, stellt sich die Frage, wie sich – über die Einzeldisziplinen hinweg – konsistente Produktfamilienmodelle konzipieren und zu kundenspezifischen Ausprägungen konfigurieren lassen. Bis heute hat sich für diese Aufgabe keine einheitliche Methode durchsetzen können.

Ein naheliegender Ansatz zur Synchronisation der Konfiguratoren besteht in der zentralen Verwaltung eines Merkmalsmodells und dessen Verknüpfung mit den Steuerelementen der datenintegrativen Konfiguratoren. Die erforderlichen Informationen über die zu aktivierende Konfiguration lassen sich beispielsweise über Programmierschnittstellen automatisiert an das jeweilige CAx Werkzeug übertragen. Vorteile des Konzepts sind u. a. die Nachvollziehbarkeit und die einfache technische Implementierung. Nachteile können sich ergeben, wenn sich die Kopplungsmechanismen und die Art der Merkmalsbeschreibungen an die jeweiligen Strukturen der datenintegrativen Konfiguratoren anpassen müssen und hierdurch die Herstellerneutralität der Konfigurationsmodelle gefährdet wird.

Ein alternativer Ansatz verfolgt die Strategie, variantenreiche Strukturen durch einheitliche Merkmalsmodelle zu repräsentieren und diese mit einem übergeordneten zentralen Merkmalsmodell zu verknüpfen (vgl. [GROS07], [BACH09]). Angewandt auf CAx Werkzeuge mit datenintegrativen Konfiguratoren führt dieser Grundgedanke zu folgender Prozedur: Ausgehend von konfigurierbaren Produktdaten werden einheitliche variantenbeschreibende Merkmalsmodelle automatisiert abgeleitet. Die abgeleiteten Modelle werden in einem Konfigurationswerkzeug an ein zentrales Merkmalsmodell der Kunden- bzw. Vertriebssicht (externe Varianz) gekoppelt. Die Bewertung der zentralen Merkmale führt somit automatisch zur Bewertung der verknüpften disziplinspezifischen Merkmale. Resultat sind Datenstrukturen für eine spezifische Ausprägung, für die die korrespondierenden Steuerelemente des datenintegrativen Konfigurators automatisch ermittelt und betätigt werden. Einer der Nachteile des Verfahrens ist der komplexere Gesamtablauf. Vorteile ergeben sich hingegen durch die Möglichkeit zur Kapselung herstellerspezifischer Konfigurationsfunktionen, zur Weiternutzung der Modelle in Systemen des Enterprise Resource Management (ERP) und zur Anwendung bekannter Auswertungsverfahren auf den extrahierten Modellen. Beispiele hierfür sind die Berechnung der maximalen Variantenzahl und die Detektion von Inkonsistenzen (vgl. [BENA09]).

Für die typischen Entwicklungswerkzeuge des Werkzeugmaschinenbaus wurden Möglichkeiten zur disziplinübergreifenden Konfiguration auf Basis automatisch extrahierter Merkmalsmodelle nach dem oben beschriebenen alternativen Ansatz bisher nicht untersucht. Ziel dieser Arbeit ist die Entwicklung eines Konzepts und die Prüfung der Machbarkeit. Hierzu wird jeweils ein Werkzeug mit datenintegrativem Konfigurator aus den Bereichen MCAD und ECAD als Beispiel herangezogen. Die Entwicklung und Validierung des Konzepts erfolgen anhand eines industriellen Anwendungsfalles aus dem Bereich des Werkzeugmaschinenbaus.

Die Arbeiten sind im Rahmen des von der Deutschen Forschungsgemeinschaft (DFG) geförderten Exzellenzclusters „Integrative Produktionstechnik für Hochlohnländer“, entstanden.

Introduction

Machine tools take a special position within the machinery and plant engineering industry, since they are indispensable for manufacturing a wide range of products. Therefore, the machine tool industry is of high economic importance (cf. [WECK06a, S.1]).

The recent situation of the German machine tool industry is characterized by the dilemma between individualization and cost pressure. In order to maintain a successful position within emerging markets, the ability to provide customer specific solutions is of strategic importance since standard products are more and more obtained from local suppliers. [VDMA14, S.41]

This stands in contrast to the fact that enterprises focusing on standard products are more profitable compared to enterprises fulfilling individual demands. Therefore, a promising approach comprises a combination of standardization and solution business [ebd., S.29f].

With the objective of enabling of the profitable manufacturing of customer-specific products, the concept of *individualized production* (also known as *mass customization*) is based on a combination of mass production and customer-specific manufacturing [SCHU11a, S.84].

In the field of standard products, a systematic planning of product families based on modular systems is the foundation for achieving scale effects and a reduction of development costs through the reuse of development results. (cf. [SCHU10, S.10]

Not only standard products, but individualized products can be preplanned using flexible product structures and sufficient mounting space for future extensions (cf. [LIND06, S.46]).

One of the major challenges for the concept of individualized production for machine tools is the high degree of product complexity. Machine tools are characterized by a spatial integration of mechanics, electrics, electronics and software [WECK06b, S.2]. The sum of different CAx tools used in the domain of industrial engineering, e.g. electrical CAD (ECAD) and mechanical CAD (MCAD), results in a heterogeneous IT landscape (cf. [SEND09, S.17f]).

The engineering approach that has been followed in the past can be described as “clone and own”, i.e. customer-specific products are based on copies of former projects. This approach increases the risks of poor standardization, reduced quality and higher development costs. [LITT06, S.13]

The sustainable introduction of a product family approach based on modular systems requires, however, the avoidance of redundant data. The reason for that is the fact that the concentration on one single data source increases data consistency and enables efficient change processes (on the platform level) (cf. [HUNT00, S.26ff]).

When applying this approach to product families in the machine tool industry, its precondition is not only the creation of configurable products but also the use of corresponding configurable CAx project data.

Since the individualization of a machine tool is based on a variant that already satisfies most of the customer requirements, any authoring system used within the development process has to be initialized with the appropriate CAx data beforehand.

For the configuration on a CAx system level, so-called data-integrative configurators are becoming increasingly important. Being deeply integrated with data models and the user interfaces of CAx tools, this type of configurator is characterized by a high usability and performance compared to an architecture based on system coupling (cf. [SCHÄ03a, S.39]).

Due to heterogeneous IT landscapes and the increasing number of data-integrative configurators, there are questions as to how consistent product models across disciplines are to be designed and how they are to be configured as an initial point for customer specific adaption during order processing. For this task, no standardized method has been established as the general industrial practice.

The most obvious approach for the synchronization of configurations comprises a centralized management of a feature model, which is coupled to components controlling the data-integrative configurator. The required information about the configuration which is to be activated can be transferred to the corresponding CAx tool via service interfaces. The advantages of this approach are the understandability and the relatively simple technical implementation. There may be disadvantages when data structures of feature models must correspond to specific characteristics of the respective data-integrative configurators, as this may adversely affect the genericity of the configuration models.

An alternative approach follows the strategy of representing data structures for variants using standardized feature models within each discipline individually and linking these feature-models to a centralized feature model (cf. [GROS07], [BACH09]).

Applied to CAx tools based on data-integrative configurators, this approach leads to the following procedure:

With configurable product data as a starting point, standardized feature models are automatically derived from each CAx tool. The derived models are accessed by a configuration tool which provides a user interface for the mapping of the derived features to a central feature model representing the customer's and the sales' perspective (also known as external variety) respectively.

The selection of central features during order processing leads automatically to the selection of associated discipline-specific features due to the previously linked data. The result is a product structure of the desired variant. The corresponding control elements of the data-integrative configurator can automatically be identified by a set of generic rules and deployed automatically.

One of the drawbacks of this approach is the higher complexity of the overall procedure. Advantages lie in the possibility of encapsulating vendor-specific configuration functions, reusing models within systems for Enterprise Resource Management (ERP) and applying existing analysis procedures on the extracted feature models. Examples for the latter are the calculation of the maximum number of variants on any product level and the detection of inconsistencies (vgl. [BENA09]).

For specific types of CAx tools in the machine tool industry, the potential of automatically extracted feature models for interdisciplinary configuration along the lines of the alternative approach described above has not yet been investigated. The objective of this thesis is the development of a concept and the evaluation of the feasibility of the approach based on automatically extracted feature-models from CAx data. For this, heterogeneous CAx tools, one for ECAD and one for MCAD, are used as examples. An industrial case study serves as an application scenario.

The research has been conducted in the scope of the Cluster of Excellence "Integrative Production Technology for High-wage Countries", promoted by the German Research Foundation (DFG).

2 Produktkonfiguration im Werkzeugmaschinenbau

Product Configuration in Machine Tool Industries

Kapitel 2 gibt einen Überblick über das Themenfeld der Produktkonfiguration im Werkzeugmaschinenbau. Hierzu werden in Kapitel 2.1 zunächst die grundlegenden Eigenschaften des Produkts Werkzeugmaschine vorgestellt. Kapitel 2.2 stellt die für den Werkzeugmaschinenbau charakteristischen Eigenschaften der Entwicklung und Auftragsabwicklung vor. In Kapitel 2.3 werden grundlegende Begriffe definiert. Kapitel 2.4 stellt die heute für den Werkzeugmaschinenbau verfügbaren Systeme zur Produktkonfiguration vor. In Kapitel 2.5 werden diese einer kritischen Bewertung unterzogen. Hierauf aufbauend wird der Forschungsbedarf für den Umgang mit variantenreichen CAx Daten für Produktfamilien aufgezeigt.

2.1 Eigenschaften des Produkts Werkzeugmaschine

Properties of the Machine Tool as a Product

2.1.1 Systemgrenzen

System Boundaries

Die in dieser Arbeit entwickelten Konzepte zur Konfiguration adressieren primär die Anforderungen des Werkzeugmaschinenbaus für die spanende Bearbeitung. Mit einem Anteil von 55% verfügen diese über ein hohes gesamtwirtschaftliches Potenzial (vgl. [TREY13]). Da die Architekturen von Fertigungssystemen unterschiedlicher Bearbeitungstechnologien – insbesondere in Bezug auf das Zusammenwirken von Mechanik, Elektrik und Steuerungs-Software – große Ähnlichkeit aufweisen, ist die Übertragbarkeit des in dieser Arbeit vorgestellten Ansatzes auf andere Typen (vgl. Gliederung der Fertigungssysteme nach [DIN8580] denkbar.

Den Kern einer Werkzeugmaschine für die Fräsbearbeitung bilden die Komponenten zur Erzeugung der Schnitt- und Vorschubbewegungen. Moderne Maschinen verfügen heute über numerische Steuerungen (NC) sowie speicherprogrammierbare Steuerungen (SPS) für den automatisierten Betrieb. Der Namens-Suffix *Zentrum* (Bsp.: Fräszentrum, Drehzentrum) bezeichnet NC-Maschinen, die über Werkzeugspeicher und automatische Werkzeugwechsler verfügen. Zur unterbrechungsfreien Zufuhr von Werkstücken lassen sich Werkzeugmaschinen mit einer automatischen Teilezufuhr zu sogenannten Fertigungszellen erweitern. Der Zusammenschluss mehrerer Werkzeugmaschinen über einen ungerichteten Werkstück- und ggf. Werkzeugfluss wird als Flexibles Fertigungssystem bezeichnet. Mit zunehmender Stückzahl gewinnen Skaleneffekte und die Reduktion von Durchlaufzeiten an Bedeutung. Die entsprechenden automatisierten Fertigungssysteme werden als flexible und starre Transferstraßen bezeichnet. Letztere zeichnen sich durch einen gerichteten Werkstückfluss aus. (vgl. [WECK06a, S.17f])

Bearbeitungszentren können selbst wiederum Subsysteme eines Fertigungssystems sein. Individuelle Anforderungen auf Systemebene können daher bis auf die Maschinenebene heruntergebrochen werden und Eingangsgrößen für die auftragsspezifische Anpassung eines Bearbeitungszentrums bilden. Aufgrund der unterschiedlichen Anforderungen hinsichtlich der Konfigurationstechnologien auf der jeweiligen Systemebene liegt der Fokus im Folgenden auf Bearbeitungszentren.

2.1.2 Haupt- und Nebenfunktionen

Main and Auxiliary Functions

Den Kern einer Werkzeugmaschine bildet die mechanische Grundstruktur zur Kraftübertragung und Erzeugung der Schnitt- und Relativbewegungen.

Fräsmaschinen verfügen über mindestens drei translatorische Freiheitsgrade zur Erzeugung der Relativbewegung zwischen Werkzeug und Werkstück. Zur Bearbeitung von Freiformflächen sind zwei weitere rotatorische Freiheitsgrade erforderlich. [WECK06a, S.173].

Abbildung 2.1 zeigt exemplarisch die mechanische Grundstruktur eines Dreh-Bohr-Fräsbearbeitungszentrum der Fa. Dörries Scharmann Technologie GmbH (DST).

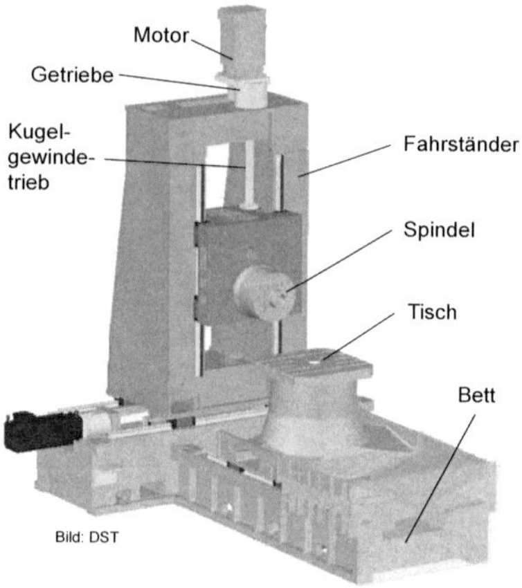

Abbildung 2.1: Beispiel für den Aufbau eines Bearbeitungszentrums

Example for the structure of a machining center

BÖGER unterscheidet bei der von ihm durchgeführten funktionalen Dekomposition von Fräszentren zwischen Haupt- und Nebenfunktionen. Hauptfunktionen liegen hierbei innerhalb des Kraftflusses, Nebenfunktionen außerhalb. (vgl. [BOEG98, S.50ff])

Da sich die Verformungen der Maschine, sofern jene nicht korrigiert bzw. kompensiert werden, auf das Werkstück abbilden können, bestimmen die Anforderungen an Maßhaltigkeit und Oberflächengüte der Werkstücke die erforderliche statische und dynamische Steifigkeit einzelner Baugruppen (vgl. [WECK06a, S.13]). Die Gesamtsteifigkeit der Maschine lässt sich daher nur durch eine hinreichende Abstimmung aller im Kraftfluss liegenden Elemente wie Spindel, Lager, Strukturbauteile, Führungen etc. erzielen [WECK06c, S.17].

Die Vorschubachsen einer Werkzeugmaschine verfügen über eine Positionsregelung, die ihre Sollwerte von der zentralen numerischen Steuerung über einen digitalen Antriebsbus erhält. Abbildung 2.2 zeigt den schematischen Aufbau einer Vorschubachse auf Basis eines Kugelgewindetriebs. Die Rückführung erfolgt indirekt durch ein am Motorflansch angebrachten Drehgeber und optional durch ein zusätzliches direktes Messsystem. Alternative Lösungskonzepte sind Ritzel-Zahnstange- und Linear-Direktantriebe.

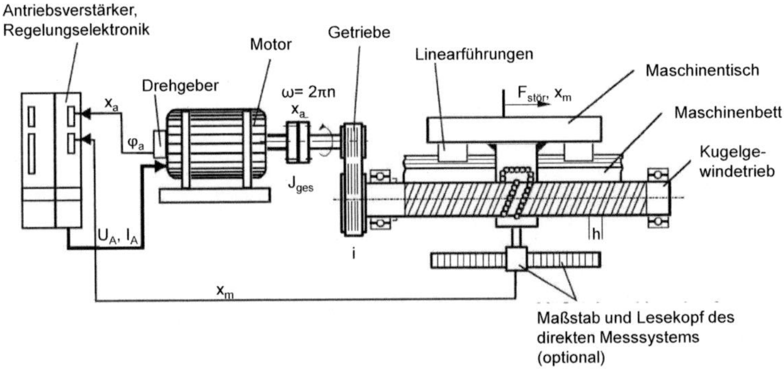

Abbildung 2.2: Schema eines exemplarischen Vorschubantriebs [WECK06b, S.191]

Scheme of an exemplary feed-drive [WECK06b, p.191]

Gestaltungparameter zur Auslegung des Vorschubsystems bilden die Leistung der Umrichter und Motoren, die Steifigkeiten der mechanischen Übertragungsglieder im Kraftfluss, die Getriebeübersetzung (bzw. die Spindelsteigung) etc. Eingangsgrößen bilden in erster Linie die erforderliche Beschleunigung und Vorschubkraft, das Belastungsprofil über der Zeit, der Arbeitsraum sowie die zu beschleunigenden Massen von Schlitten und Werkstück (vgl. [WECK06b, S. 251ff]).

Aus der Reduktion der Trägheitsmomente auf die Motorachse lässt sich das erforderliche Antriebmoment und daraus abgeleitet der maximale Motorstrom berechnen, der vom Umrichter bereitgestellt werden muss.

Die Antriebsverstärker der einzelnen Achsen werden über einen gemeinsamen Zwischenkreis zentral versorgt, der in Abhängigkeit der einzelnen Verbraucher dimensioniert wird. Die Versorgung des Zwischenkreises mit elektrischer Energie erfolgt an zentraler Stelle über einen Gleichrichter. Die Berechnung der Positionssollwerte erfolgt ebenfalls zentral durch die numerische Steuerung (NC). Diese übersetzt die in einem NC-Programm beschriebenen werkstückbezogenen Bahnen des Fräswerkzeugs im Interpolationstakt in Positionssollwerte der Maschinenachsen, die zyklisch an die einzelnen im Schaltschrank angebrachten Antriebverstärker übertragen werden. Für die Berechnung der Sollwerte ist bei nicht kartesischen Maschinenachsen eine Transformation zwischen Werkstück- und Maschinenkoordinaten unter Berücksichtigung der spezifischen Maschinenkinematik erforderlich. (vgl. WECK06d])

Neben den primären Funktionen zur Vorschuberzeugung und Schnittbewegung sind zahlreiche Sekundärfunktionen zum sicheren und wirtschaftlichen Betrieb einer Werkzeugmaschine erforderlich. Diese umfassen beispielsweise die Abfuhr von Wärme, die Versorgung mit Schmierstoff, Druckluft und Hydrauliköl, die sichere Überwachung von Grenzwerten, die Interaktion mit dem Bediener und mit überlagerten Steuerungssystemen etc. Abbildung 2.3 zeigt die oben erwähnte Einteilung in Haupt- und Nebenfunktionen für die obersten Ebenen des Fräsprozesses nach BÖGER (vgl. [BÖGE98, S.50]).

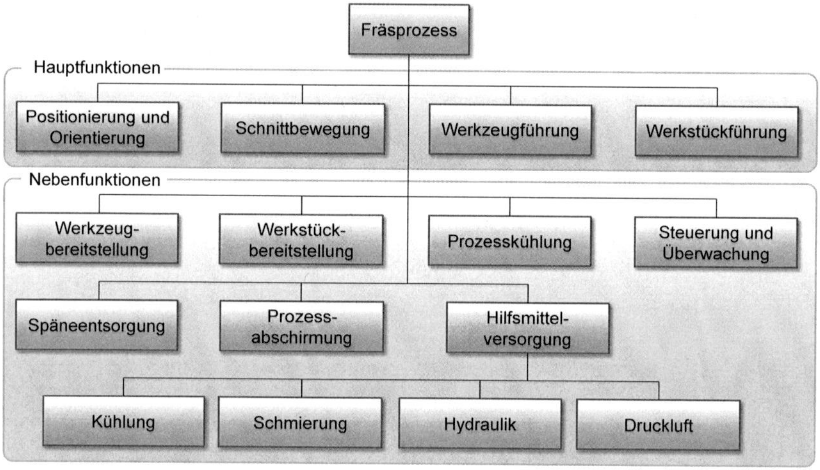

Abbildung 2.3: Dekomposition der Fräsfunktion nach [BÖGE98]

Decomposition of the milling function according to [BÖGE98]

Der überwiegende Teil der Funktionen einer Werkzeugmaschine basiert auf dem Zusammenspiel von Sensorik, Aktorik und Software im Sinne eines mechatronischen Systems.

Mechatronik lässt sich wie folgt definieren: "[...] the synergetic integration of mechanical engineering with electronic and intelligent computer control in the design and manufacture of industrial products and processes". [HARA96]

Bedingt durch den strukturmechanischen Aufbau einer Werkzeugmaschine verteilen sich die zur Funktionserfüllung benötigten Komponenten auf unterschiedliche Orte in der Maschine. So befindet sich beispielsweise der überwiegende Teil der Steuerungshardware im Schaltschrank. Die Medienversorgung und Kühlung befinden sich im Medienschrank oder auf Geräteblechen bzw. als separates Modul neben der Maschine. Die Aktoren und Sensoren verteilen sich über die Maschine und sind über Leitungen mit den Zentralkomponenten verbunden. Der Einsatz vollständig autarker dezentraler Funktionseinheiten (vgl. [SAND11]) ist für die kinematischen Achsen von Werkzeugmaschinenbau heute nicht üblich. Die Übertragung des Informations-, Materie- und Energieflusses zwischen zentralen Versorgern und den über die Maschinenstruktur verteilten peripheren Verbrauchern erfolgt meist durch sogenannte Energieführungsketten, die als vorkonfektionierte Module zwischen den bewegten Maschinenachsen angebracht werden (s. Abbildung 2.4).

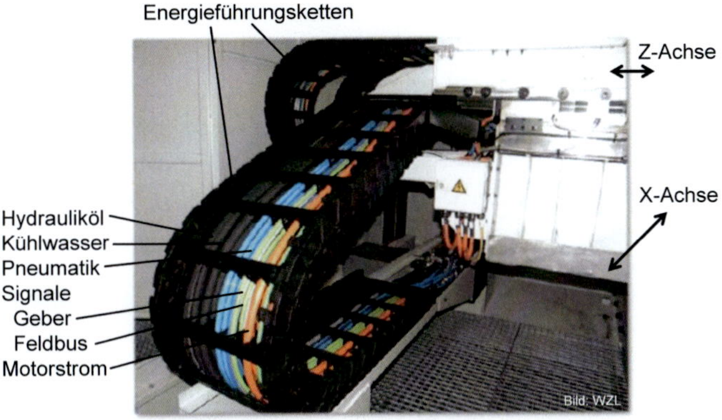

Abbildung 2.4: Energieführungsketten zwischen den Verfahrachsen

Energy chains between feed axes

Abbildung 2.5 zeigt exemplarisch den Kühlkreislauf einer Werkzeugmaschine. Wärmequellen bilden beispielsweise Spindelmotor, Vorschubmotoren und elektrische Komponenten im Schaltschrank.

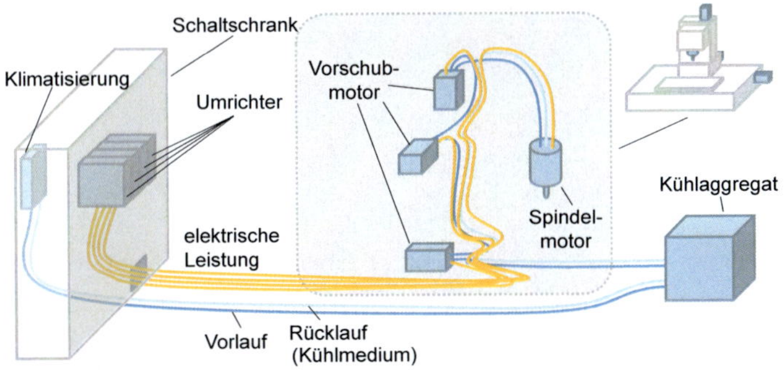

Abbildung 2.5: Kühlkreisläufe einer Werkzeugmaschine

Cooling circuits of a machine tool

Zur Dimensionierung der Kühlung, die einen verhältnismäßig hohen Anteil am Gesamtenergieverbrauch aufweist (vgl. [BREC10a, S.562]), sind Kenntnisse über Durchflussmenge und Strömungswiderstand erforderlich. Letzterer lässt sich aufgrund von Nichtlinearitäten und komplexen Topologien nur bedingt über einfache

Berechnungen hinreichend genau ermitteln. Eine präzisere Auslegung ist beispielsweise mit Werkzeugen zur physikalischen Simulation möglich. Sobald sich ein Parameter im Gesamtsystem ändert, ist hierbei eine Neuberechnung erforderlich. Eine experimentelle Ermittlung der Strömungswiderstände, wie bei Serienmaschinen üblich, kann aufgrund der nachgelagerten Individualisierung ihre Gültigkeit verlieren.

Die Nebenfunktion *Steuerung und Überwachung* (s. Abbildung 2.3) beinhaltet die Steuerung aus Sicht des Bedieners, die Überwachung des Gesamtsystems und die erforderliche physische Infrastruktur. Die Steuerungs-Software i. e. S. kann hier nicht als Funktion aufgefasst werden, da alle aufgelisteten Funktionen mehr oder weniger durch Software als immaterielle Komponente realisiert werden.

Die Steuerung einer Werkzeugmaschine lässt sich in drei Teilbereiche gliedern: die numerische Steuerung (NC), die Speicherprogrammierbare Steuerung (SPS) sowie die Benutzerschnittstelle (HMI). Die Steuerung interagiert mit übergeordneten oder benachbarten Systemen wie dem Leitsystem (engl.: Manufacturing Execution System, MES) sowie Programmiersystemen zur Erstellung der Teileprogramme (engl.: Computer Aided Manufacturing, CAM). Während die NC für die Steuerung der Maschinenachsen bei der Bearbeitung sowie bei der Ausführung von Nebenprozessen wie dem Werkzeugwechsel verantwortlich ist, liegt die Gesamtkoordination und Überwachung im Verantwortungsbereich der SPS. [WECK06d]

Abbildung 2.6 zeigt zusammengefasst die unterschiedlichen Bereiche der Steuerungen und die Schnittstellen des Bearbeitungszentrums zur Umgebung.

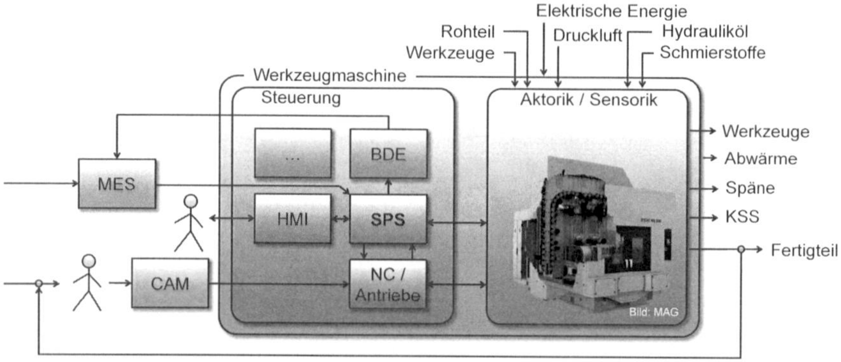

MES: Manufacturing Execution System
CAM: Computer Aided Manufacturing
HMI: Human Machine Interface
BDE: Betriebsdatenerfassung
SPS: Speicherprogrammierbare Steuerung
NC: numerical control
KSS: Kühlschmierstoff

Abbildung 2.6: Unterschiedliche Aufgabenbereiche der Steuerungen in Werkzeugmaschinen

Different tasks for control systems of machine tools

2.2 Entwicklung und Auftragsabwicklung

Development and Order Processing

2.2.1 Grundlegende Prozesse

Basic Processes

Werkzeugmaschinenhersteller weisen heute typische Strukturen von Auftrags- und Variantenfertigern auf. Die Entwicklung nimmt hierbei eine zentrale Stellung ein und wird häufig in die Schritte *auftragsneutrale Basisentwicklung* und *kundenspezifische Applikationsentwicklung* unterteilt[1]. Hierbei verteilen sich die Kompetenzen für Mechanik, Fluidik, Elektrik und Software-Entwicklung häufig auf die beiden Kernbereiche *mechanische Entwicklung* und *elektrische Entwicklung*. Aufgrund der hohen funktionalen Abhängigkeiten zwischen den einzelnen Disziplinen (im Sinne der Mechatronik) ist ein Informationsaustausch zwischen den verantwortlichen Unternehmensbereichen erforderlich. Abbildung 2.7 zeigt einige Beispiele übergreifend genutzter Engineering-Daten, die heute maßgeblich den Arbeitsablauf in der Entwicklung bestimmen und zur charakteristischen Sequenz aus mechanischer Konstruktion, elektrischer Konstruktion und Software-Entwicklung führen.

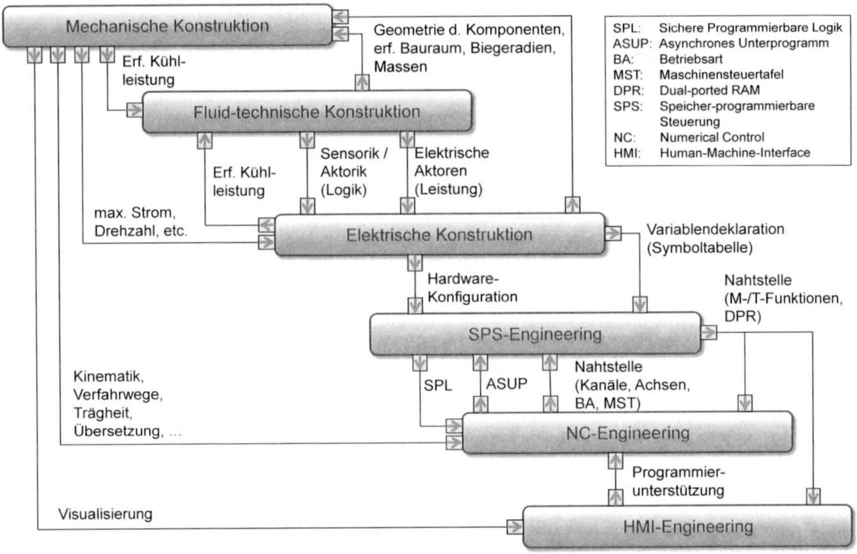

Abbildung 2.7: Informationsaustausch zwischen den Disziplinen in der Entwicklung

Information exchange between disciplines during the development phase

Neben unternehmensinternen Schnittstellen sind für die Entwicklung insbesondere die Schnittstellen zum Kunden und zu externen Zulieferern relevant. Bindeglied zwi-

[1] Bei Unternehmen, die primär im Sondermaschinenbau tätig sind, können die Bereiche der Basisentwicklung und der kundenspezifischen Entwicklung organisatorisch zusammenfallen.

schen Kunde und interner Entwicklung ist der technische Vertrieb und/oder die Projektierung. Charakteristisch für den Maschinenbau ist die enge Einbindung von Zulieferern. Bereits in den 90er Jahre wurde die Fertigungstiefe erheblich reduziert, so dass heute der überwiegende Teil der Komponenten, bis hin zu mechanischen Strukturbauteilen, von Zulieferern bezogen wird (vgl. [HIRS00, S.59f]). Diese übernehmen zunehmend auch Entwicklungsdienstleistungen und treten als Systemlieferanten auf (vgl. [AUCH11, S.89]). Die Kernkompetenz der Werkzeugmaschinenhersteller liegt in der Gesamtsystementwicklung, der Software-Entwicklung, der Endbearbeitung von Strukturbauteilen sowie der Endmontage und Inbetriebnahme.

Typisch für den Werkzeugmaschinenbau ist eine inkrementelle, markt- bzw. kundengetriebene Innovationsstrategie. Da sich Kundenanforderungen nur in begrenztem Umfang hinreichend genau vorhersehen lassen, gehört heute die individuelle Entwicklung kundenspezifischer Lösungen auf Basis vordefinierter Produktstrukturen zur gängigen Praxis im Maschinenbau. Häufig werden die Ergebnisse dieser individuellen Lösungen im Nachgang in das Standardprogramm aufgenommen.

Der Werkzeugmaschinenbau folgt einem zweistufigen Entwicklungsprozess. Die erste Stufe bildet die kundenneutrale Basisentwicklung einschließlich Variantenbildung, während die zweite Stufe aus Konfiguration und kundenspezifischer Anpassungsentwicklung besteht (vgl. [PILL06, S. 270f]). Synonyme für diese Stufe sind Sonderentwicklung oder Applikationsentwicklung. Bei Unternehmen, die überwiegend Serienmaschinen produzieren, weist die auftragsneutrale und die auftragsspezifische Entwicklung deutliche Unterschiede hinsichtlich der zu beachtenden Randbedingungen auf, so dass i.d.R. eine organisatorische Trennung von Serienproduktion und Projektgeschäft – einschließlich Fertigung und Montage – vorliegt.

Der Werkzeugmaschinenbau vereint somit zwei Kategorien von Unternehmen, die in der Literatur meist isoliert voneinander betrachtet werden. Abbildung 2.8 stellt die beiden Unternehmenstypen nach EVERSHEIM gegenüber (vgl. [EVER96]).

Der obere Kreislauf beschreibt Unternehmen, bei denen die Produktentwicklung kundenanonym, z.B. auf Basis von Marktprognosen und Umfragen, durchgeführt wird. Charakteristisch sind hohe Stückzahlen und ein hoher Automatisierungsgrad in der Produktion. Der untere Kreislauf beschreibt den Unternehmenstyp des Auftragfertigers. Entscheidender Unterschied ist, dass die Auftragsabwicklung eine individuelle Angebotserstellung und Entwicklung unter Einbezug der Fachabteilungen beinhaltet. Da die Kundenanforderungen zu Projektbeginn meist unvollständig vorliegen, ist der Prozess der kundenspezifischen Auftragsabwicklung von einer vergleichsweise hohen Dynamik geprägt und daher erheblich komplexer (vgl. [FIRC02, S.3]).

Abbildung 2.8: Prozesskette bei unterschiedlicher Auftragsauslösung, nach [EVER96]

Process chain for different order initiation, according to [EVER96]

Durch die Verschmelzung der Aktivitäten im Unternehmen ergeben sich spezifische Herausforderungen, die im Folgenden anhand von Produktionsstrategien erläutert werden (s. Abbildung 2.9). Produktionsstrategien bilden einen grundlegenden Rahmen für die Gestaltung eines Produktionssystems. Ein wesentliches Element bei der Beschreibung und Gestaltung von Produktionssystemen bildet die Lage des sogenannten Kundenentkopplungspunkts (engl.: Order Penetration Point). Dieser beschreibt den Übergang vom kundenneutralen (d.h. standardisierten) Prozess in den kundenspezifischen Prozess (vgl. [SCHU05, S.228f]).

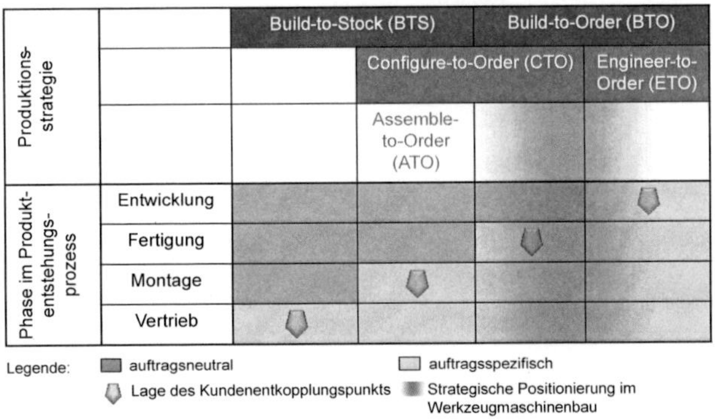

Abbildung 2.9: Lage des Kundenendkopplungspunkts, in Anlehnung an [LAMP96, S.24]

Position of the Order Penetration Point, based on [LAMP96, p.24]

Bei einer *Build-to-Stock* Produktion wird generell auf Lager produziert (Bsp.: Kleidung). Bei der *Build-to-Order* Strategie erfolgt die Produktion dagegen *nach* Auftragseingang (Bsp.: PKW). *Configure-to-Order* (CTO) liegt dann vor, wenn Fertigung oder Montage auftragsspezifisch durchgeführt werden. Letzteres wird auch als *Assemble-to-Order* bezeichnet, wenn die Komponenten eines Endprodukts bereits einbaufertig vorliegen (Bsp.: Getriebemotoren). *Engineer-to-Order* (ETO) liegt dann vor, wenn der Kundenentkopplungspunkt vor der Entwicklung liegt. D.h., dass die Entwicklung kundenspezifisch erfolgt. (vgl. [FOGA91, S. 2ff.]

In realen Produktionssystemen kommt eine Mischung aus unterschiedlichen Strategien zum Einsatz. Im Werkzeugmaschinenbau sind beispielsweise prozessnahe Komponenten (Aufspannung, Kühlmittel, Spindel) häufig kundenspezifischen Anpassungen unterworfen. Weitere Änderungen ergeben sich, wenn Automatisierungssysteme, die beim Kunden bereits vorhanden oder deren Hersteller aufgrund interner Standards vorgegeben werden, berücksichtigt werden sollen. Andere Komponenten hingegen werden als C-Teile (Schläuche, Schrauben etc.) aus Lagern entnommen.

2.2.2 IT-Systeme

IT Systems

Übersicht

Die gesamte Produktentwicklung wird im Werkzeugmaschinenbau i. d. R. durch PLM-/PDM-Systeme unterstützt, während die Produktion ERP[2]- und MES[3]-Systeme einsetzt. Im sogenannten Y-Modell nach SCHEER (s. Abbildung 2.10) wird die organisatorische und systemtechnische Trennung zwischen den beiden Teilbereichen deutlich (vgl. [SCHE97, S.91ff)]. Der Datenaustausch zwischen den jeweiligen Systemen der Produktplanung und der Produktionsplanung erfolgt heute meist über proprietäre Schnittstellen, die teilweise eine bidirektionale Daten-Synchronisation (beispielsweise für Artikelstammdaten) ermöglichen. Der Entwicklungsprozess im Werkzeugmaschinenbau folgt heute sowohl in der auftragsneutralen Basisentwicklung als auch in der kundenspezifischen Anpassungsentwicklung überwiegend einer Sequenz aus mechanischer Konstruktion, fluidtechnischer Konstruktion, elektrischer Konstruktion und Software-Entwicklung.

Im Anschluss an die mechanische Konstruktion folgt die Prozessplanung, die heute i.d.R. durch CAM-Systeme unterstützt wird. Ergebnis der Entwicklung sind vollständig definierte Auftragsdaten im ERP System einschließlich Beschaffung und Arbeitsplanung für die Eigenfertigung. Die Auftragsdaten werden von Systemen der Produktionsplanung und -steuerung (PPS) bzw. vom MES-System als Eingangsgrößen übernommen. Diese kommunizieren bidirektional mit den produktionstechnischen Ressourcen (Zellen- bzw. Maschinensteuerungen, DNC[4]-Systeme, Personal) um die Ausführung von Fertigungsprozessen zu initiieren. Nach der Montage folgt die Inbetriebnahme, Fehlerbeseitigung und – bei individualisierten Maschinen üblich – die Abnahme durch den Kunden beim Hersteller.

---

[2] ERP: Enterprise Resource Planning
[3] MES: Manufacturing Execution System
[4] Distributed Numeric Control

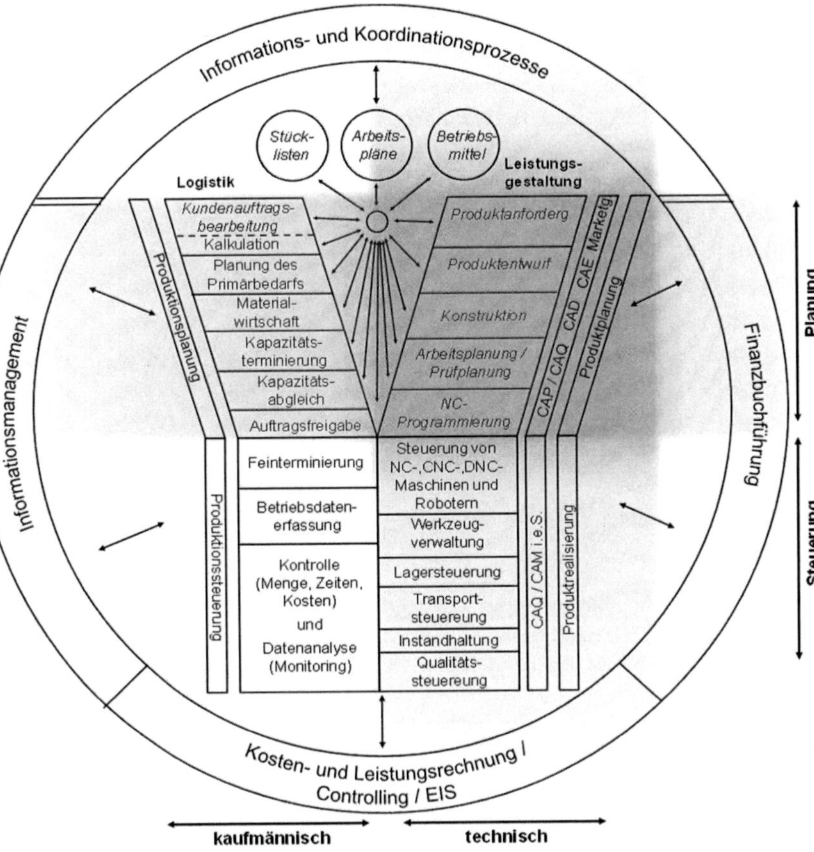

Abbildung 2.10: Y-Modell nach SCHEER [SCHE97, S.93]

Y-Modell according to SCHEER [SCHE97, S.93]

Je nach Phase der Entwicklung sind zur Validierung und Verifikation von Produktfamilien oder kundenspezifischer Anpassung unterschiedliche Verfahren wie beispielsweise Finite Elemente Methode (FEM), Mehrkörpersimulation und virtuelle Inbetriebnahme geeignet. Aufgrund des teilweise hohen Aufwands in der Modellerstellung wird heute in vielen Unternehmen auf den Einsatz von Simulationen während der kundenspezifischen Anpassungsentwicklung verzichtet. Änderungssensitive Komponenten, wie zentrale Versorgungseinrichtungen, werden deshalb häufig überdimensioniert, so dass auf eine Neuberechnung nach Änderungen an der Verbraucherseite verzichtet werden kann. Aufgrund der sich verschärfenden Wettbewerbssituation sowie der wachsenden Bedeutung energieeffizienter Produkte und geringen Herstellkosten gewinnt die anforderungsgerechte Auslegung von Komponenten jedoch zunehmend an Bedeutung. Um die komplexen Wechselwirkungen innerhalb der Werkzeugmaschine berücksichtigen zu können, sind daher hinreichend genaue physikalische Modelle erforderlich, die eine Bewertung des Zielkonflikts zwischen Standardisierung und Materialeinsatz ermöglichen. Physikalische Modelle (z.B. auf Basis von Matlab/Simulink oder Modelica) eignen sich einerseits zur Validierung und Auslegung von Komponenten, andererseits bietet sich die Wiederverwendung der Modelle im Rahmen der virtuellen Inbetriebnahme an. Die erstellte Steuerungssoftware wird hierbei im Zielsystem durch Hardware-in-the-loop oder Software-in-the-loop Simulation ausgeführt, wobei die Verhaltensmodelle das Feedback der realen Sensoren ersetzen (vgl. [HERF10]).

Kommunikation zwischen Engineering Werkzeugen

Wie aus dem vorherigen Kapitel hervorgeht, ist an der Entwicklung von Werkzeugmaschinen eine Vielzahl unterschiedlicher Disziplinen beteiligt, die jeweils spezifische Anforderungen an die erforderlichen Engineering-Werkzeuge stellen. Für jeden Bereich existiert wiederum eine Vielzahl an Anbietern auf dem Markt, die teilweise über eine Ausweitung ihres Produktspektrums oder Kooperationen mit Anbietern benachbarter Disziplinen versuchen, Lösungen „aus einer Hand" bzw. integrierte Lösungen anzubieten. Die Vielzahl eingesetzter IT-Werkzeuge und das rasche Tempo an Firmenzusammenschlüssen, Übernahmen und Verkäufen begrenzen jedoch die Möglichkeiten derartiger Standardisierungsbemühungen (vgl. [SEND09, S.18]). Zudem wird durch eine heterogene IT-Systemlandschaft die Abhängigkeit von *einem* Anbieter reduziert und der Einsatz spezialisierter, hochoptimierter Software-Lösungen begünstigt. Heterogene IT Systemlandschaften setzen jedoch ein hohes Maß an Interoperabilität voraus. Aufgrund fehlender Standards (bzw. einer geringen Verbreitung existierender Standards) kommen heute überwiegend Punkt-zu-Punkt-Verbindungen mit dateibasiertem Austausch zum Einsatz, was zu einer hohen Anzahl spezieller Schnittstellen führt und Änderungen aufgrund der hohen Komplexität kostspielig und risikoreich macht.

Ein Beispiel für den Informationsaustausch zwischen ECAD und MCAD Systemen ist die Definition und Berechnung der Verkabelung ohne physischen Prototyp, wie sie beispielsweise durch die MCAD Systeme NX der Siemens AG und SolidWorks von Dassault Systemès angeboten werden. Da für diese Aufgabe 3D-Funktionalitäten erforderlich sind, ist die Ausführung des Routings durch ein 3D-CAD-Werkzeug auf Basis der vom ECAD System bereitgestellten Informationen (Steckertyp, Kabeldurchmesser etc.) naheliegend. Die vom MCAD System berechneten Kabellängen werden an das ECAD System zurückgeliefert und von diesem ans ERP System übergeben bzw. mit ihm synchronisiert. An diesem Szenario sind bereits drei bis vier Systeme beteiligt, je nachdem, ob zusätzlich ein PLM-/PDM-System genutzt wird.

Aus dem oben beschriebenen Szenario wird die Bedeutung der Interoperabilität zwischen IT-Systemen deutlich. Im Folgenden werden zwei Ansätze für diese Funktionalität näher beschrieben:

Unter dem Begriff *Linked Data* wird der Ansatz verstanden, Daten offen über URI[5] und RDF[6] im Internet verfügbar zu machen (vgl. [HEAL12]). Die Initiative *Open Services for Lifecycle Collaboration* (OSLC) greift diesen Ansatz auf, um im Bereich des Application Lifecycle Managements (ALM) die Integration heterogener Engineering-Umgebungen in der Software-Industrie zu ermöglichen (vgl. [OSLC12]). Hierbei werden übergreifend genutzte Daten offen gelegt und über RESTful[7] Webservices zugänglich gemacht. Über diese Technologie ist es möglich, auch auf externe Quellen zu verweisen, die im Verantwortungsbereich eines anderen Werkzeugs liegen.

Ein ähnliches Konzept wird von DRAHT ET AL. vorgeschlagen [DRAH11]. Ziel ist die Sicherstellung der Datenkonsistenz in einer heterogenen IT-Systemlandschaft beim Engineering von Anlagen. Über ein zentrales Kollaborationswerkzeug werden unabhängig von den Besonderheiten der jeweiligen Einzeldisziplinen generische Kollaborationsfunktionen auf Basis des standardisierten Formats AutomationML[8] bereitgestellt. Besonders hervorzuheben sind die eingeführten Konzepte der Dateneigentümerschaft, der Kollaborationsobjekte und der Rückführungsauswertung. Hinsichtlich der Kollaborationsobjekte wird das Ziel verfolgt „nur die tatsächlich benötigte Schnittmenge der Daten zu standardisieren". Es wird davon ausgegangen, dass „solche Mikro-Datenmodelle [..] insbesondere im Fertigungsumfeld einfach genug [sind], um Konsens über ein zugehöriges Datenmodell zu erlangen." [ebd., S.6]. Zum Vergleich wird bei OSLC von „loosly coupled systems with ‚just enough' standardization" gesprochen [BACH11, S.5]. Insofern zeigt sich ein Trend weg vom dateibasierten Austausch hin zur Offenlegung relevanter Informationen und deren webbasierte Verknüpfung. Innerhalb der CAx Werkzeuge können somit weiterhin beliebige proprietäre Datenstrukturen genutzt werden. Anforderungen an die nach OSCL offengelegten Daten betreffen u. a. auch Informationen zur parametrischen Variantensteuerung (vgl. [ebd., S.15]).

---

[5] URI: Uniform Resource Identifier
[6] RDF: Resource Description Framework
[7] REST: Representational State Transfer (Ansatz zur Realisierung von Webservices)
[8] AutomationML: AutomationML ist ein Datenaustauschformat für die konsistente Weitergabe von Planungsdaten im Engineering von Produktionssystemen. AutomationML ermöglicht die Abbildung von Anlagenstrukturen, Geometrien, Kinematiken und Verhalten. [PRIN11]

2.3 Produktfamilie, Plattform, Baukasten und Architektur

Product Family, Platform, Modular System and Architecture

Unternehmen stehen heute vor der Herausforderung, Marktanteile durch ein differenziertes Produktprogramm zu erschließen und gleichzeitig geringe Kosten durch Skaleneffekte zu erzielen. Als entscheidender Lösungsansatz gilt es, den Fokus von der Entwicklung einzelner Produkte hin zur Entwicklung von Produktfamilien, mit dem Ziel der Mehrfachverwendung von Komponenten, zu verschieben [MEYE92, S.1].

> MEYER UND UTTERBACK definieren den Begriff **Produktfamilie** wie folgt:
>
> "Products that share a common platform but have specific features and functionality required by different sets of customers will be called a product family." [MEYE92, S.3]

Für den Plattformbegriff existieren zwei grundlegende Betrachtungsweisen [JIAO07, S.7]: Nach der einen Betrachtungsweise bezeichnet der Begriff *Plattform* die Schnittmenge aller Varianten einer Produktfamilie (auch Kern genannt). Die Herausforderung bei der Plattformbildung besteht in der Identifikation der Gemeinsamkeiten unterschiedlicher Produkte. Die andere Sichtweise folgt der Definition von MEYER UND LEHNERD: „A product platform is a set of subsystems and interfaces that form a common structure from which a stream of derivative products can be efficiently developed and produced." [MEYE97, S.39]. Die Elemente der Plattform beschränken sich hierbei nicht zwangsläufig auf den Kern der Produktfamilie.

Der Plattformbegriff wurde maßgeblich durch den Automobilbau geprägt, der meist die Plattform als Kern (z.B. Unterboden mit Fahrwerk und Antriebsstrang) betrachtet. Abbildung 2.11 zeigt die Abgrenzung zwischen den Begriffen *Plattform-*, *Modul-* und *Baukastenstrategie* aus Sicht der Volkswagen AG (vgl. [VOLK12]).

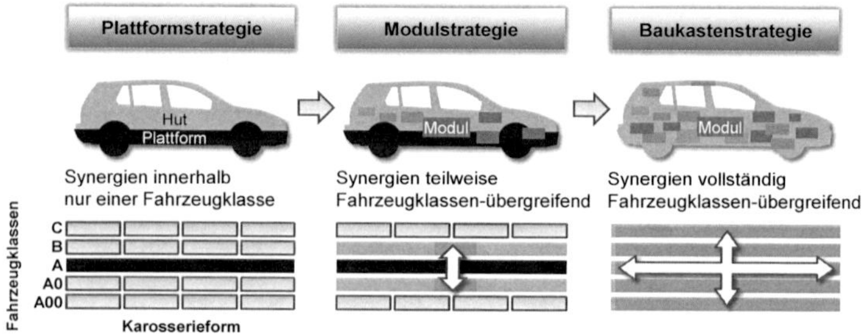

Abbildung 2.11: Abgrenzung Plattform-, Modul- und Baukastenstrategie nach [VOLK12]

Differentiation platform, module and modular system strategy according to [VOLK12]

Während sich bei der Plattformstrategie die Nutzung der gemeinsamen Komponente auf einen Fahrzeugtyp beschränkt, kommen bei der Modulstrategie zusätzlich Typübergreifende Komponenten zum Einsatz. Beim Baukasten schließlich wird auch die Plattform modular gestaltet und übergreifend genutzt.

PAHL ET AL. verstehen unter dem Begriff **Baukasten** „Maschinen, Baugruppen und Einzelteile, die

- als Bausteine mit oft unterschiedlichen Lösungen durch Kombination
- verschiedene Gesamtfunktionen erfüllen.

Durch mehrere Größenstufen solcher Bausteine enthalten Baukästen oft auch Baureihen. Die Bausteine sollen dabei nach möglichst ähnlicher Technologie gefertigt werden.“ [PAHL07, S.662]

EHRLENSPIEGEL UND MEERKAMM unterscheiden weiter offene und geschlossene Baukästen, Hersteller-, Anwender- und Zulieferbaukästen. Der **offene Baukasten** erlaubt eine unendlich hohe Variantenzahl, indem die Freiheitsgrade in der Zusammenstellung struktureller Komponenten keinen oder wenigen Restriktionen unterlegen sind (Beispiel: Profilschienensysteme). Der **geschlossene Baukasten** hingegen weist Restriktionen auf, so dass sich nur eine begrenzte Zahl an Endprodukten durch Konfiguration der Komponenten erstellen lässt (Beispiel: Werkzeugmaschine). Der **Anwenderbaukasten** gibt dem Anwender die Möglichkeit, die Gestalt während der Nutzungsphase zu ändern (Beispiel: Küchengerät), während der **Herstellerbaukasten** ausschließlich beim Hersteller genutzt wird (Beispiel: modulare Werkzeugwechsler). Der **Zulieferbaukasten** verkörpert das Expertenwissen spezialisierter Lieferanten (Beispiel: Antriebs- und Steuerungstechnik. (vgl. [EHRL13, S.738f])

Der Baukastenansatz und das darauf aufbauende Konzept der Produktfamilien werden vom Großteil der Maschinenbauunternehmen als erfolgsversprechend eingeschätzt. Aus SCHUH ET AL. geht hervor, dass lediglich 6% der befragten Unternehmen[9] keinen Baukastenansatz geplant haben und nur 2% diesen bei sich für gescheitert erklären. Beim Großteil der Unternehmen befindet sich der Baukasten im fortgeschrittenen Implementierungsstadium oder die Einführung ist bereits erfolgt. (vgl. [SCHU10, S.9]).

Aus der Studie geht weiter hervor, dass Unternehmen dann erfolgreich sind, wenn neue Produkte konsequent aus dem Baukasten heraus entwickelt werden und nicht nachträglich in den Baukasten aufgenommen werden (vgl. [SCHU10, S.3]).

Abbildung 2.12 zeigt exemplarisch Varianten aus einer Produktfamilie der Firma MAG. Die mechanische Konstruktion ist modular aufgebaut und greift auf Komponenten der MAG Corcom GmbH zu, deren Baukasten sowohl externen Kunden als auch interne Kunden der MAG Gruppe angeboten wird (vgl. Abbildung 2.13). Nach der oben beschriebenen Klassifikation lässt sich der Baukasten als geschlossener

[9] 60% der befragten Unternehmen zählen zur Branche des Maschinenbaus

Herstellerbaukasten bezeichnen. Aus Sicht externer Kunden liegt gleichzeitig ein Zulieferbaukasten vor.

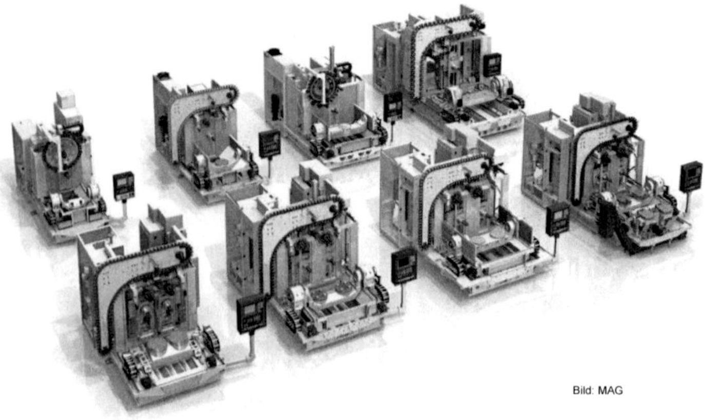

Abbildung 2.12: Ausprägungen einer Produktfamilie [MAG14]

Final products of a product familiy [MAG14]

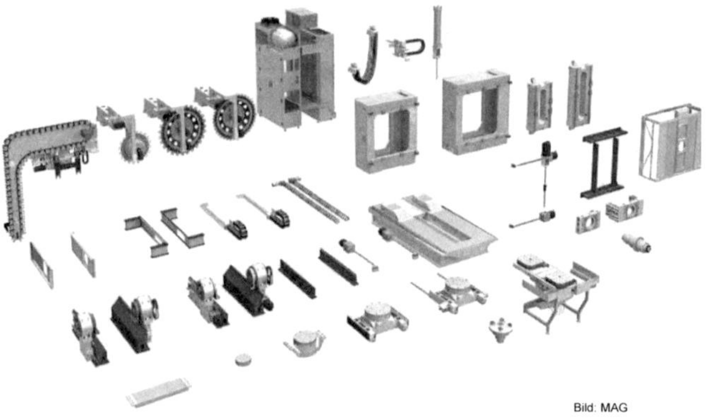

Abbildung 2.13: Beispiel eines Baukastensystem für Werkzeugmaschinen [MAG14]

Example products of a product family [MAG14]

Die in Abbildung 2.12 dargestellten Varianten weisen äußerlich eine Vielzahl an Gemeinsamkeiten auf, wie beispielsweise das Maschinenlayout, die Bettkonstruktion oder die Energieketten. Wesentliches Unterscheidungsmerkmal ist die Ausführung als Fräszentrum jeweils mit Einfachspindel oder Doppelspindel. Die daraus resultierende Differenzierung der Produktivität für ein gegebenes Teilespektrum bildet für den Kunden ein entscheidendes Auswahlkriterium. Auf technischer Ebene ergeben sich zahlreiche direkt oder indirekt abgeleitete Unterschiede wie beispielsweise die Ausführung des Tisches, die Antriebsleistung des Fahrständers, die Versorgungsleistung des Zwischenkreises, die Kühlleistung, die Hydraulik, die SPS-Software, die Parametrierung der Steuerung etc. Weiterhin können auch Unterschiede in Herstellungsprozessen gleicher Komponenten vorliegen, wenn beispielsweise Produktionseinrichtungen variieren. BARTUSCHAT unterscheidet daher innere und äußerer Vielfalt:

> Die **äußerer Vielfalt** bezeichnet die aus Sicht des Kunden wahrgenommenen Differenzierung des Leistungsangebots eines Unternehmens, während die **innere Vielfalt** Unterschiede in Komponenten und Prozessen beschreibt, die vom Kunden nicht unmittelbar als Differenzierungsmerkmal wahrgenommen werden (vgl. [BART95, S.12f]).

Die Begriffe Vielfalt und Varietät lassen sich synonym nutzen, wobei der Begriff Varietät neben der Anzahl unterschiedlicher Elemente noch stärker den Grad der Unterschiedlichkeit der Elemente adressiert (vgl. [BUCH08, S.13]). Als prägnanter Ausdruck werden im Folgenden synonym die Begriffe **externe Varianz** und **interne Varianz** verwendet.

Abbildung 2.14 zeigt links exemplarisch den Schaltschrank einer Werkzeugmaschine. Der gesamte Schrank stellt für sich ein abgeschlossenes Modul dar, so dass eine Vormontage bzw. externe Fertigung und Montage möglich sind. Das Innenleben des Schaltschranks besteht wiederum aus einzelnen Modulen, die jeweils aus Zulieferbaukästen stammen.

Abbildung 2.14, rechts, zeigt exemplarisch Komponenten der Steuerungsplattform SINAMICS/SINUMERIK der Siemens AG. Hersteller von Steuerungshardware verfügen i.d.R. über Online-Konfiguratoren zur Zusammenstellung der Komponenten, die direkt vom Kunden innerhalb von Web-Anwendungen, Stand-alone-Applikationen oder als Teil von Software-Engineering-Werkzeuge bedient werden (Beispiele sind der Siemens DS-Konfigurator, Siemens SIZER, Siemens STEP7 Hardware-Konfiguration oder das Siemens TIA Portal).

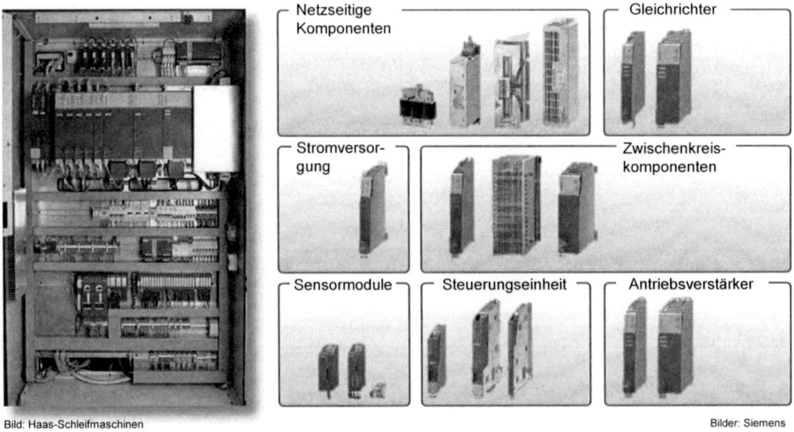

Bild: Haas-Schleifmaschinen

Bilder: Siemens

Abbildung 2.14: Steuerungsbaukasten Siemens (Ausschnitt) [SIEM06, S.6]

Modular system for machine control hardware, Siemens (Excerpt) [SIEM06, p.6]

Nach ULRICH bezeichnet die **Produktarchitektur** die Abbildung der Funktionsstruktur auf die physische Struktur. Im Detail beinhaltet dies: [ULRI95, S.420]

- die Anordnung der funktionalen Elemente,
- die Abbildung der funktionalen Elemente auf die physischen Komponenten sowie
- die Schnittstellenspezifikation für interagierende physische Komponenten.

Sind sowohl physische Struktur als auch funktionale Struktur voneinander entkoppelt (d.h. es existiert eine 1:1 Zuordnung von Funktion und Struktur), liegt eine modulare Produktarchitektur vor. Bei einer n:m Zuordnung von Funktionen und Komponenten spricht man von einer integralen Architektur [ULRI95, S.422]. Diese Extremformen sind in der Praxis jedoch selten; stattdessen sind eher Mischformen anzutreffen [ebd., S.433].

Anhand der beiden oben aufgeführten Beispiele aus dem Bereich der Mechanik und der Elektrik wird deutlich, dass sich die funktionale und die physische Struktur aufgrund der prinzipbedingten Architektur von Werkzeugmaschinen unterscheiden.

Die Diskrepanz zwischen funktionaler und physischer Modularität kann auf folgende Ursachen zurückgeführt werden:

1) Durch die räumliche Verteilung funktional zusammengehörender, meist disziplinübergreifender Komponenten ergibt sich eine 1:n Beziehung zwischen Funktion und Komponenten, d.h. eine Funktion wird durch mehrere über Schnittstellen gekoppelte Komponenten realisiert oder nutzt Komponenten als Träger. Die Räumliche Verteilung ist häufig erforderlich, da aufgrund des begrenzten Bauraums und der Forderung nach geringen bewegten Massen eine prozessnahe Anordnung von Komponenten nicht immer möglich bzw. sinnvoll ist. Weiterhin ist eine Verteilung von Funktionen erforderlich, um die Mehrfachnutzung von Infrastrukturkomponenten, wie beispielsweise der Laufzeitumgebung für die Steuerungssoftware, zu ermöglichen.

2) Werkzeugmaschinen weisen teilweise integral gestaltete Komponenten auf. Beispiele sind Strukturbauteile innerhalb der kinematischen Kette, die gleichzeitig „Bewegungsfunktion“ und „Trägerfunktion“ implementieren (vgl. [BÖGE98]). Somit liegt bei einer integralen Komponente per Definition eine m:1 Beziehung vor.

Zusammenfassend betrachtet führen beide Teilaspekte zu einer *m:n Beziehung* zwischen Funktionen und Komponenten. Innerhalb der abhängigen Elemente lassen sich partiell modulare Teilbereiche identifizieren.

Abbildung 2.15 zeigt ausgehend von den zwei primären Architekturtypen nach ULRICH die von GÖPFERT vorgeschlagene erweiterte Klassifikation in vier Typen

[GÖPF98, S.108]. Nach dieser Klassifikation lässt sich für Werkzeugmaschinen folgende Aussage treffen:

> Bedingt durch die Anforderungen aus Fertigung und Montage, der geringen Fertigungstiefe sowie der typischen Funktionsweise der Zustell- und Schnittbewegung weisen Werkzeugmaschinen eine *physisch modulare Produktarchitektur* auf.

Zwischen den physischen Modulen einer Werkzeugmaschine herrschen vielfache und vielfältige Wechselwirkungen. Daher ist eine genaue Abstimmung der einzelnen Komponenten erforderlich. Um vor diesem Hintergrund auch bei individuellen Kundenwünschen Vorteile von Produktfamilien und Baukästen nutzen zu können, schlagen LINDEMANN UND MAURER ein „Modell der Produktstruktur mit unterschiedlichen Individualisierungsgraden" vor [LIND06, S.46]. Wie Abbildung 2.16 zeigt, wird der gesamte Lösungsraum hierbei zunächst in strukturelle Varianten unterteilt. Dies können beispielsweise verschiedene Produktlinien eines Werkzeugmaschinenherstellers sein. Vordefinierte Varianten innerhalb der Produktlinie lassen sich durch alternative oder optionale Komponenten ausdrücken. Komponenten mit frei skalierbaren Bereichen lassen sich beispielsweise durch parametrische Konstruktion realisieren. Prinzipielle Lösungen können beispielweise vorgeplante, jedoch noch nicht ausimplementierte Funktionen sein. (vgl. [ebd. S.45ff])

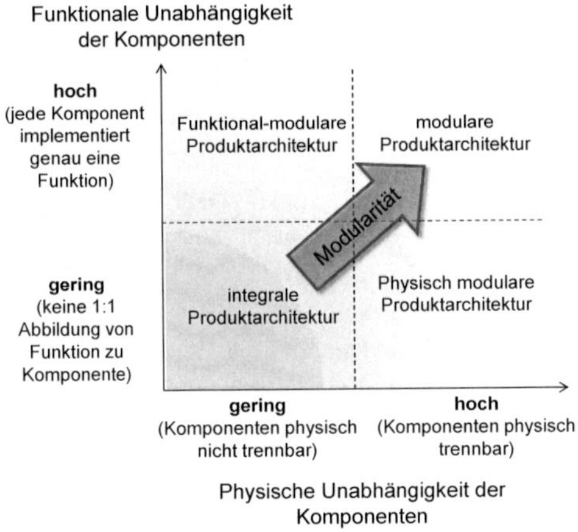

Abbildung 2.15: Typen von Produktarchitekturen, nach [GÖPF98, S.108]

Types of Product Architectures, according to [GÖPF98, p.108]

Definierte Freiräume ermöglichen die Erweiterung der Maschinen an ausgewiesenen Stellen. Beispiele hierfür sind applikationsspezifische Spannvorrichtungen im Arbeitsraum, freie Plätze in Energieführungsketten, Raum für zusätzliche Umrichter und Schütze im Schaltschrank. Allgemeine Freiräume können vorgesehen werden, um kundenspezifische Erweiterungen zu berücksichtigen, die sich nur eingeschränkt vorhersagen lassen.

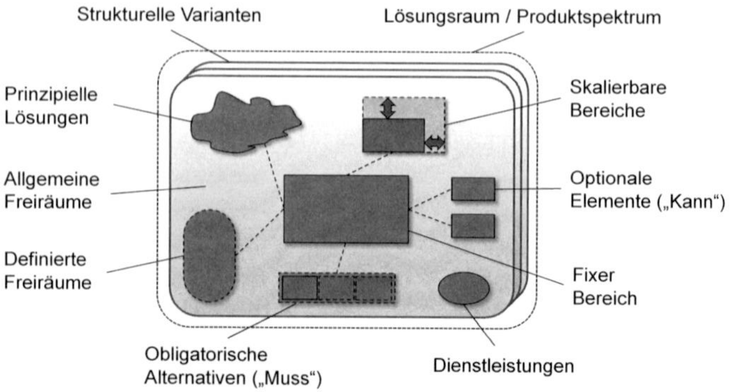

Abbildung 2.16: Produktstruktur individualisierbarer Produkte, nach [LIND06, S.46]

Product Structure for individualizable Products, according to [LIND06, S.46]

Das oben beschriebene Konzept lässt sich auf beliebigen Ebenen der Produktstruktur sowie auf den unterschiedlichen Disziplinen (mechanische Konstruktion, elektrische und fluidtechnische Konstruktion, NC-/SPS-/HMI-Software) anwenden. Hierbei ist zu beachten, dass die Varianz nicht zwangsweise in allen Disziplinen identische Strukturen aufweist. So lassen sich beispielsweise mit denselben Steuerungskomponenten einer numerischen Steuerung unterschiedliche 5-achsige Kinematiken realisieren (Drehachsen im Spindelkasten, im Tisch oder gemischt), ohne zwangsläufig die Struktur im Schaltschrank ändern zu müssen. Die Varianz liegt hier primär in der mechanischen Struktur und in der Steuerungs-Software (NC-Parameter, Werkzeugwechselzyklen, Software-Endschalter etc.).

2.4 Systeme zur Produktkonfiguration

Systems for Product Configuration

Um den Baukastenansatz aufwandsarm implementieren zu können, sind IT-Systeme erforderlich, die sich an den Anforderungen der Produktionsstrategie eines Unternehmens orientieren müssen. Da im Werkzeugmaschinenbau der Kundenentkopplungspunkt häufig in der Entwicklung liegt, sind Konfigurationsmöglichkeiten erforderlich, die bereits in diesen Bereichen und an den dort verwendeten CAx Systemen ansetzen. Im Folgenden werden Möglichkeiten der Konfiguration von Engineering-Daten vorgestellt. Diese werden in CAx System interne Konfiguratoren (Kap. 2.4.1), ERP System basierte Konfiguratoren (Kap. 2.4.2), PLM System basierte Konfiguratoren (Kap. 2.4.3) sowie Systeme zur Unterstützung des Software-Produktlinien-Ansatzes (Kap. 2.4.4) unterteilt. Für die Grundlagen der Konfigurationstechnologie sei auf Kapitel 4.3 verwiesen.

Die von Automobilherstellern bereitgestellten web-basierten Konfiguratoren sind auf die Bedienung durch den Kunden ausgelegt und erzeugen auf Basis vordefinierter, geschlossener Konfigurationsräume Spezifikationen, die als Basis für die Angebotserstellung dienen. Eine ETO-Strategie wird hierbei nicht unterstützt. Daher werden Konfiguratoren dieses Typs im Folgenden nicht weiter betrachtet.

2.4.1 CAx System interne Konfiguratoren

CAx System Internal Configurators

CAD-interne Konfiguratoren lassen sich der Klasse der datenintegrativen Konfiguratoren zuordnen (vgl. Kapitel 4.3.2). LEHMANN bezeichnet diese Systemarchitektur als Vollintegration, im Unterschied zur Teilintegration und Systemkopplung (vgl. [LEHM89]).

SCHÄFER stellt die drei Konzepte bzgl. der Anwendbarkeit in ECAD Systemen gegenüber, was sich auch auf andere CAx Systeme übertragen lässt. Als Vorteile der Vollintegration gelten hierbei: (vgl. [SCHÄ03a, S.39])

- der hohe Bedienkomfort,
- das bestmögliche interaktive Verhalten und
- die Vermeidung redundanter Daten.

CAx Systeme, die diese Eigenschaften aufweisen, verfügen über eine starke Position im Wettbewerb. Für die Umsetzung einer Vollintegration stehen Systemanbieter jedoch vor folgenden Herausforderungen: (vgl. [ebd.])

- die fehlende Erfahrung in Bezug auf Variantenmechanismen sowie
- der hohe Aufwand bei der Erweiterung bestehender Datenmodelle.

Im Bereich des *Anforderungsmanagements* bietet beispielsweise IBM Rational mit dem DOORS Requirements Management Framework Add On einen datenintegrativen Konfigurator zur Realisierung von Produktfamilien (vgl. [MERC10]).

Im Bereich der *physikalischen Simulation* hat die offene Sprache Modelica heute in Forschung und Industrie hohe Verbreitung gefunden. Modelica verfügt über mehrere Mechanismen zur Variantensteuerung, so dass sich variantenreiche Produktfamilien innerhalb eines Modells beschreiben und konfigurieren lassen[10]. Auch Matlab/Simulink verfügt über Sprachelemente zur integrierten Variantensteuerung[11].

Im Bereich der *Software* und des *Systems Engineering* unterstützen die heute etablierten Sprachstandards nur unzureichend die formale Definition von Varianten. Die Nutzung von Spracherweiterungen, wie beispielsweise dem Variation Point Profile von IBM Rational Rhapsody, unterstützt die Variantenmodellierung während der Entwicklungszeit, wenngleich das Profil lediglich die Variantensteuerung auf Klassenebene, nicht jedoch auf Instanzebene erlaubt[12].

Im *MCAD Bereich* verfügt beispielsweise das Werkzeug SolidWorks von Dassault Systèmes über einen datenintegrativen Konfigurator, der es ermöglicht, konfigurier-

---

[10] Beispiele sind die Sprachelemente *replaceable* und *redeclare* (vgl. [MODE12])
[11] Beispiele sind die Sprachelemente *Variant Subsystem*, *Variant Object*
[12] In BRECHER ET AL. wird diesbezüglich eine Profil-basierte Lösung vorgeschlagen, indem die Variantenspezifikation auf Relationen zu Variationspunkten angewandt wird (vgl. [BREC11a, S.240])

bare Teile und Baugruppen zu erstellen und diese variantenspezifisch in übergeordneten Baugruppen zu instanziieren.

Eine architektonische Frage stellt sich bzgl. der Allokation der Mapping-Funktion zwischen interner und externer Varianz (s. Kapitel 5.2). Am Beispiel des CAD Systems Creo von PTC lässt sich dies anschaulich erklären (s. Abbildung 2.17).

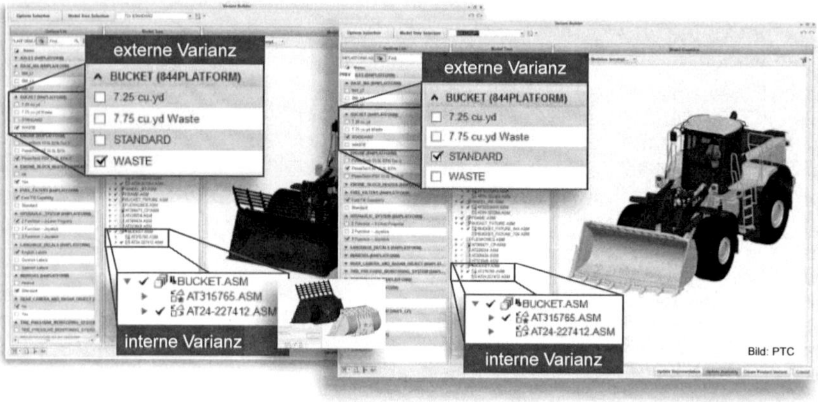

Abbildung 2.17: Konfigurationsmanagement in PTC Creo – Variant Builder (vgl. [PTC12])

Configuration Management in PTC Creo – Variant Builder (cf. [PTC12])

Die beiden Ansichten zeigen jeweils eine Variante einer Produktfamilie (beispielsweise existiert die Schaufel in zwei unterschiedlichen Ausführungen). Die jeweils rechte Spalte im Navigationsbereich entspricht der internen Varianz, die linke Spalte der externen Varianz, die im PLM System PTC Windchill übergreifend angelegt wird. Das Mapping zwischen interner und externer Varianz erfolgt hier im MCAD Werkzeug, in dem auf die zentralen Merkmale verwiesen wird.

Ein typisches Verfahren im Bereich der *ECAD Systeme*, das sich für die im Werkzeugmaschinenbau typischen geschlossenen Herstellerbaukästen eignet, bildet die sogenannte Optionstechnik (vgl. [SCHL03, S.94 ff]). Hierbei werden ausgehend von einer Maximallösung variantenspezifische Elemente eines ECAD-Projekts sogenannten Optionen, die im Vorfeld vom Benutzer angelegt werden, zugeordnet (s. Kapitel 6.5.2). ECAD Systeme mit Optionstechnik sind beispielsweise ElectricP8 von EPLAN oder E³ von Zuken.

Zusammenfassend lässt sich sagen, dass Systeme mit datenintegrativen Konfiguratoren (bzw. mit einer Vollintegration von Konfiguratoren) bereits heute am Markt verfügbar sind. Die Konfiguratoren nutzen für die Variantensteuerung spezielle, an die Anforderungen der der jeweiligen Disziplin angepasste Bedienkonzepte. Vor dem Hintergrund des hohen Bedarfs an Konfigurationsmöglichkeiten für CAx Projektdaten zählt die Möglichkeit der Variantenkonfiguration heute zu den differenzierenden Leistungsmerkmalen von CAx Systemen. Nach KANO gehen Leistungsmerkmale mit der Zeit in Basismerkmale über (vgl. [KANO84]). Aufgrund der Vorteile u. a. in Bezug auf die Software-Ergonomie ist es unter Berücksichtigung des Wettbewerbs zwischen den Systemherstellern naheliegend, dass der Anteil an CAx Systemen, die datenintegrative Konfiguratoren für die Definition von Produktfamilien einsetzen, weiter zunehmen wird.

2.4.2 ERP System basierte Konfiguratoren

ERP System based Configurators

Die Unterstützung für Produktvarianten wird heute von ERP Systemen als Basisfunktionalität gefordert und von den Systemanbietern entsprechend umgesetzt. Übliche Verfahren sind beispielsweise die Verwendung von Maximalstücklisten bzw. Maximalarbeitsplänen, deren variable Elemente über Parameter aktiviert bzw. deaktiviert werden. Beispiele für Hersteller von ERP Systemen sind SAP, Oracle, Infor, Sage und Microsoft.

Als stellvertretendes Beispiel für ERP-integrierte Konfiguratoren wird im Folgenden der SAP-Variantenkonfigurator vorgestellt, der zum integralen Bestandteil der Kernkomponente SAP ERP Central Component (ECC) zählt. Aufgrund seiner Integration in das Logistikmodul wird der Variantenkonfigurator auch als LO-VC bezeichnet. [BLUM11, S.51]

Neben dem LO-VC steht bei SAP im Customer Relationship Management Modul (CRM) mit dem IPC (Internet Pricing and Configurator) eine weitere Sammlung an Werkzeugen für die Variantenkonfiguration zur Verfügung, die sich auch losgelöst vom Kern des ERP Systems nutzen lässt [ebd., S.62f].

Für beide Systeme lassen sich zwei Aufgabenbereiche unterscheiden: Die High-Level-Konfiguration sowie die Low-Level-Konfiguration. Erstere wird in aller Regel Benutzer-interaktiv anhand eines konfigurierbaren Produkts ausgeführt, während letztere ohne Benutzerinteraktion die automatische Auflösung von Stücklisten und Arbeitsplänen steuert. [ebd., S.61]

Die High-Level-Konfiguration entspricht der externen Varianz, während die Low-Level-Konfiguration der internen Varianz entspricht.

SAP ermöglicht die Definition von Merkmalstypen und deren Ausprägungen sowie von Beziehungen, die sich in Vor- und Auswahlbedingungen, Prozeduren und Constraints unterscheiden lassen [ebd., S.128].

Eine in der industriellen Praxis verfolgte Strategie zur Handhabung variantenreicher Engineering-Daten besteht in der Einlagerung von Entwicklungsartefakten[13] in das SAP-System und der automatisierten Zusammenstellung der Daten durch Add-Ons, welche die zu bedienenden CAx Systeme über Programmierschnittstellen ansteuern. Ein Beispiel hierfür bildet der Konfigurator it.cadpilot, der in Partnerschaft der Firmen itelligence und ACATEC entwickelt wurde. Das System basiert auf der Einlagerung

[13] Artefakt bezeichnet in dieser Arbeit die im Entwicklungsprozess geschaffenen Teilmodelle und Dokumente.

nativer CAx Daten in SAP und dem automatisierten Zusammensetzen zu einem Gesamtprojekt im jeweiligen Zielsystem. Geschäftsmodelle, die auf einer Kombination von CTO mit einem geringen ETO-Anteil basieren, werden laut Hersteller explizit durch die Systemarchitektur unterstützt.

Die Stärke des ERP-basierten Ansatzes ist die Mehrfachnutzung bereits vorhandener Konfigurationsmöglichkeiten im ERP System. Durch die eingeschränkte Nutzung CAx interner Konfiguratoren ist die Erstellung von Baukastensystemen jedoch mit hohem manuellem Aufwand verbunden und führt aufgrund der zentralistischen Datenhaltung zu einer hohen Komplexität im ERP System. Das in den datenintegrativen Konfiguratoren bereits vorhandene Konfigurationswissen bleibt hierbei ungenutzt.

2.4.3 PLM System basierte Konfiguratoren

PLM System based Configurators

Produktkonfiguration zählt heute zu den Basis-Merkmalen von PLM Systemen. Da der Ursprung von PLM Systemen im Bereich der mechanischen Konstruktion liegt, ist die Variantenkonfiguration für MCAD Werkzeuge am weitesten vorangeschritten. Zudem begünstigt die hierarchische Struktur von MCAD Projektdaten die Modularisierung und Variantensteuerung. Eine typische Vorgehensweise zur Erstellung konfigurierbarer Projektdaten basiert auf einer Maximalstückliste im PLM System, aus der sich mit Merkmalen und logischen Ausdrücken einzelne Varianten erzeugen lassen. Im zweiten Schritt erfolgt die Erzeugung der entsprechenden Projektdaten im zugeordneten CAD-System durch einen applikationsintegrativen Konfigurator. Diese Arbeitsweise entspricht beispielsweise dem PLM System Teamcenter der Siemens AG.

Projektstrukturen von ECAD Systemen unterscheiden sich grundlegend von denen der MCAD Systeme (vgl. [SCHÄ03b, S.2]). PLM Systeme arbeiten bei der Anbindung von ECAD Systemen daher überwiegend auf Basis von Stücklisten oder exportierten Dokumenten. Die Variantenkonfiguration der ECAD-Projekte wird durch den Standardumfang der marktführenden PLM Systemanbieter nicht unterstützt. Ausnahmen bilden Hersteller, die durch Firmenzusammenschlüsse eine Integration von Datenmodellen vornehmen können (Beispiel: CATIA von Dassault Systèmes) oder disziplinspezifische Module selbst entwickeln (Beispiel: COMOS von Siemens).

Zusammenfassend lässt sich sagen, dass die am Markt verfügbaren PLM Systeme für die Erstellung eines disziplinübergreifenden Baukastensystems unter Berücksichtigung aller Autorensysteme (MCAD, ECAD, Simulation etc.) nicht über die erforderlichen allgemeingültigen Ansätze verfügen. Daher ist bei jeder neu zu integrierenden Disziplin eine aufwendige und stark herstellerspezifische Adaption der Systeme erforderlich.

EPLAN Engineering Center (EEC)

Das von der Fa. EPLAN Software & Service GmbH & Co. KG vertriebene und von der Mind8 GmbH entwickelte Produkt EPLAN Engineering Center (EEC) zielt darauf ab, variantenreiche und funktional voneinander abhängige CAx Daten zu sogenann-

ten mechatronischen Modulen zu kapseln, um die Wiederverwendung im Rahmen einer Plattformstrategie zu unterstützen. Hierbei werden sowohl die vollautomatische geschlossene Konfiguration als auch die interaktive Konfiguration im offenen Baukasten unterstützt. Zur automatischen Generierung von CAx Dokumenten werden die variablen Elemente eines Dokuments bzw. einer Datei zunächst fragmentiert und in nativer Form in der vom EEC verwalteten Datenbank abgelegt. Beim Generierungsschritt werden die den mechatronischen Komponenten zugeordneten CAx Elemente durch disziplinspezifische Prozessoren an benutzerdefinierten Stellen automatisiert eingefügt. Die resultierenden Daten werden entweder als Dateien ausgegeben oder direkt über eine proprietäre Schnittstelle an das entsprechende CAx System übergeben. Somit lässt sich das EEC als applikationsintegrativer Konfigurator mit unidirektionalem Informationsfluss klassifizieren.
Zusammenfassend lässt sich sagen, dass das EEC prinzipiell viele Möglichkeiten zum baukastengerechten Management von CAx Daten bietet. Ein grundlegender Nachteil applikationsintegrativer Konfiguratoren besteht jedoch im vergleichsweise hohen Zeitbedarf für die Generierung der Projektdaten im Zielsystem, was eine agile Vorgehensweise beim Aufbau und Test großer Modelle erschwert und die Ergonomie Prinzip bedingt einschränkt. Da das Konfigurationswissen aller Disziplinen vollständig im EEC definiert wird, kann die resultierende Komplexität des Regelwerks zu erhöhtem Wartungsaufwand führen.

COMOS

Die Software-Suite COMOS der Siemens AG zielt ähnlich wie das EEC darauf ab, den gesamten Lebenszyklus von Anlagen zu unterstützen. Im Gegensatz zum EEC basiert das System jedoch in erster Linie auf proprietären Modulen für die unterschiedlichen Gewerke. Diese operieren auf einer gemeinsamen (integrierten) Datenbank, was den bidirektionalen Informationsaustausch zwischen den Fachabteilungen ermöglicht und auf eine Parallelisierung der verteilten Entwicklung abzielt. Das Modul COMOS Express unterstützt die Wiederverwendung standardisierter Module und ermöglicht laut Hersteller eine baukastenorientierte Vorgehensweise (vgl. [SIEM12]).

Die COMOS-Suite ist primär auf die Bedürfnisse der Prozessindustrie ausgerichtet und basiert auf einem integrierten, globalen Datenmodell mit überwiegend eigenen Editoren (z.B. für die Elektrokonstruktion und Fluidik). Hierdurch wird ein durchgängiges Änderungsmanagement über Standorte hinweg sichergestellt. Obwohl COMOS die Möglichkeit bietet, Systeme von anderen Herstellern über Schnittstellen anzubinden, ist offen, inwiefern die heterogenen Systemlandschaften im Maschinenbau durch COMOS unterstützt werden. Generell kann die Anbindung bzw. Datenintegration fremder CAx Systeme zu einem hohen Initialaufwand führen. Derartige Anpassungen können zudem die Abhängigkeit von Systemanbietern erhöhen.

2.4.4 Systeme für den Software Produktlinien Ansatz

Systems for the Software Product Line Approach

Im Bereich der Software-Industrie wurden unter dem Paradigma des Software-Produktlinien (SPL) Ansatzes Konzepte für die Variantensteuerung entwickelt, die – aufgrund der Vielzahl der zur Software-Entwicklung benötigten Werkzeuge und Artefakte – ähnliche Fragestellungen wie im PLM-Kontext des Maschinenbaus adressieren. Für weitere Hintergrundinformationen zum SPL-Ansatz und den hieraus hervorgehenden Feature-Modellen sei auf Kapitel 4.3.4 verwiesen.

v.control

Das vom BMBF geförderte Projekt VEIA[14] hatte zum Ziel, eine Methode für die verteilte Entwicklung und Integration von Software-Produktlinien im Automobilbereich zu erstellen [GROS07]. Motivation hinter dem Konzept bildet die Feststellung, dass sich der Software Produktlinien Ansatz im Automobilbereich zwar durchsetzt, die Variationsmechanismen der Einzelsysteme jedoch nicht durchgängig genutzt werden [KLIE10]. Der von KEES UND SEIBERTZ vorgestellte Ansatz der *Compositional Feature-Models* weist – im Vergleich zu den oben beschriebenen Ansätzen – eine stärkere Dezentralisierung und Unterstützung für heterogene IT-Systeme auf. Für die zukünftige Weiterentwicklung verweisen die Autoren auf die Nutzung von Feature-Modellen. Diese bieten die Möglichkeit der Kapselung herstellerspezifischer Datenstrukturen, die als Schnittstelle für das Mapping zwischen interner und externer Varianz genutzt werden sollen. (vgl. [KEES10])

Der im Rahmen von VEIA bei der PROSTEP IMP GmbH implementierte Prototyp *v.control* unterstützt das Konzept der Compositional Feature Models und ermöglicht die zentrale Konfiguration verteilter Daten. Die direkte Anbindung von datenintegrativen Konfiguratoren anderer Disziplinen außerhalb des Software-Engineerings (wie beispielsweise MCAD und ECAD Systeme) wird bisher nicht adressiert.

pure::variants

Das Produkt pure::variants der Firma pure-systems GmbH ist ein Werkzeug zum Aufbau von Software-Produktlinien. Die prinzipielle Vorgehensweise besteht im Anlegen einer Maximallösung innerhalb der Einzeldisziplinen, deren variable Elemente durch entsprechende Merkmale gekennzeichnet werden. Diese werden vom Werkzeug pure::variants automatisiert eingelesen und zur Beschreibung des Lösungsraums genutzt. Durch einen Merkmalseditor sind sowohl die Beschreibung des Problemraums als auch das Mapping zwischen beiden Räumen auf Basis von Regeln möglich. (vgl. [PURE13])

Obwohl das System für die Konfiguration von (modellbasierter) Software und unterstützenden Artefakten wie Anforderungsdokumenten etc. entwickelt wurde, ist eine Übertragung des Ansatzes auf andere Disziplinen denkbar. pure::variants kann als

[14] VEIA: Verteilte Entwicklung und Integration von Automotive-Produktlinien

applikationsintegrativer Konfigurator (teilweise mit Integration in die Bedienoberfläche der Zielsysteme) betrachtet werden, der in der Lage ist, aus einem Produktfamilienmodell spezifische Varianten innerhalb der Zielsysteme zu erzeugen. Für die Integration mit beliebigen datenintegrativen Konfiguratoren steht heute jedoch keine einheitliche Methode zur Verfügung. Zudem liegt der Schwerpunkt des Werkzeugs im Software-Bereich. Die Disziplinen Mechanik- und Elektrokonstruktion zählen nicht zum Einsatzgebiet.

Gears

Gears Product Line Engineering Lifecycle Framework von Big Lever Software ist ein Framework zur Erstellung, Weiterentwicklung und Wartung eines Produktlinien-Ansatzes für die Software- und System-Entwicklung. Durch eine Kooperation mit IBM Rational kann Gears dazu genutzt werden, um sämtliche Entwicklungsartefakte variantengerecht auf Basis einer zentral durchgeführten Konfiguration zu erzeugen.

Kennzeichen des Systems sind (vgl. [KRUE06]):

- ein Feature-Modell, welches die Varianz der Entwicklungsartefakte in jedem Entwicklungsstadium einheitlich zum Ausdruck bringt,
- ein durchgängiges Konzept zur Modellierung von *Variation Points*, das sich einheitlich auf Werkzeuge und deren Entwicklungsartefakte anwenden lässt sowie
- einen Konfigurator, der alle Entwicklungsartefakte aus jeder Phase des Entwicklungsprozesses automatisch konfiguriert.

Das System ist prinzipiell geeignet, um neben Artefakten der Software-Entwicklung auch weitere disziplinspezifische Entwicklungsergebnisse zu verwalten. Die bisher implementierten Konzepte des Variationspunkts basieren auf einer textuellen Notation, die beispielsweise als Annotationen im Quelltext eingelagert und durch das Werkzeug automatisch ausgelesen und in ein Feature-Modell überführt werden. Die Annotationen dienen als semantische Erweiterung der Zielsprachen. Die direkte Anbindung von datenintegrativen Konfiguratoren anderer Disziplinen außerhalb des Software-Engineerings (wie beispielsweise MCAD und ECAD Systeme) gehört nicht zum Standard-Umfang von Gears.

2.5 Fazit

Resume

Nur wenige Systeme zur Produktkonfiguration adressieren heute die spezifischen Anforderungen des Werkzeugmaschinenbaus. Charakteristisch für deutsche Werkzeugmaschinenhersteller ist die Strategie der kundenspezifischen Anpassung auf Basis vorgeplanter Varianten. Dies bedingt einen Rückgriff auf alle am Entwicklungsprozess beteiligten Autorensysteme, die mit konsistenten Projektdaten, entsprechend der zugrundeliegenden Variante, initialisiert werden müssen, um Änderungen im Gesamtkontext durchführen zu können. Die im Werkzeugmaschinenbau verwendeten IT-Systeme stammen in der Regel von unterschiedlichen Anbietern. Übergreifende

Systeme bilden ERP- und PLM-/PDM-Systeme, die heute standardmäßig über Konfiguratoren verfügen und mit den CAx Systemen bzw. mit den Mitarbeitern der Fachbereiche interagieren.

Bereits 1996 wurde in einer Studie von TIIHONEN ET AL. ein Problem bezüglich der Systemintegration von Konfiguratoren und Autorensystemen identifiziert:

“Extraction of product configuration knowledge from the product development process seems to be a problem. [...] The systems used for R&D related activities are not capable of handling information at the level of abstraction required for configuration knowledge. Therefore, the knowledge on the use of components within a product must first be recorded for design purposes in CAD drawings and other design documents, and then recreated when defining the configuration model. If there was a way to represent the configuration oriented knowledge in the R&D systems, this information could be entered only once and thereafter used and modified more or less automatically, thus eliminating the duplicate work.” [TIIH96, S.107]

Zwar weisen heutige CAx Systeme zunehmend Möglichkeiten zur Repräsentation von Varianten auf; die direkte Weiternutzung des innerhalb der Partialmodelle gespeicherten Konfigurationswissens wird heute jedoch nicht hinreichend unterstützt. Ein weiteres Problem besteht in der Fokussierung heutiger Lösungen auf *applikationsintegrative* Konfiguratoren, die entweder subtraktiv (ausgehend von einer auszudünnenden Maximallösung) oder additiv (ausgehend von einem Kern, der je nach Konfiguration um entsprechende Teilmodelle ergänzt wird) arbeiten. Die Geschwindigkeit der applikationsintegrativen Konfiguratoren ist – verglichen mit datenintegrativen Konfiguratoren – in der Regel geringer, wodurch relativ lange Wartezeiten beim Wechsel zwischen den Varianten auftreten können. Gerade während der Entwicklungszeit, in der Iterationen unvermeidbar sind, kann eine hohe Diskrepanz zwischen Aktion und Rückmeldung zu Akzeptanzproblemen seitens des Benutzers führen (vgl. [NORM86, S.49]), was den effektiven Einsatz der Konfiguratoren erschwert. Ein schnelles Umschalten der Varianten hingegen kann beim Betrachter zusätzlich zu Lerneffekten führen, so dass eine Internalisierung[15] des im Konfigurationssystem gespeicherten expliziten Wissens – auch über die Disziplinen hinweg – gefördert werden kann.

Ansätze, die auf der direkten Weiterverwendung verteilt vorliegenden Konfigurationswissens abzielen, stammen aus dem Bereich der (embedded) Software-Entwicklung. Die Software-Entwicklung steht heute – genau wie die Mechatronik im Maschinenbau – vor der Herausforderung, Datenkonsistenz in heterogenen System-Landschaften unterschiedlicher Disziplinen sicherzustellen. Einzelne Werkzeuge spezialisierter Hersteller unterstützen jeweils einzelne Aktivitäten wie Anforderungsmanagement, Entwurf, Implementierung, Test und Dokumentation. So wird von BACHMANN UND NORTHROP ein Ansatz vorgeschlagen, der verteilt vorliegendes Konfigurationswissen bzw. konfigurierbare Artefakte durch Feature-Modelle repräsentiert,

[15] Die Internalisierung bezeichnet nach NONAKA ET AL. die Umwandlung von explizitem in implizites Wissen (vgl. [NONA97, S.74ff])

die untereinander verknüpft werden und durch zentrale Konfiguration synchronisiert werden (vgl. [BACH09]). Der von der ProSTEP vorangetriebene Integrated Mechatronic Process folgt mit dem sogenannten Compositional Variant Management ebenfalls diesem Grundgedanken (vgl. [KEES10], [SEIB12]).

Zusammenfassend lässt sich sagen, dass keiner der bestehenden Ansätze den systematischen Einsatz beliebiger datenintegrativer Konfiguratoren für heterogene CAx Systeme im Werkzeugmaschinenbau adressiert. Da die weitere Zunahme datenintegrativer Konfiguratoren aufgrund der hohen Ergonomie naheliegend ist und heterogene System-Landschaften für den Werkzeugmaschinenbau charakteristisch sind, lässt sich eine Forschungslücke identifizieren, die die Motivation für die vorliegende Arbeit bildet. Folgende Vorarbeiten liegen der Arbeit zu Grunde: [BREC10b], [BREC11a], [BREC12].

3 Aufgabenstellung, Zielsetzung und Vorgehensweise

Task, Objectives and Scientific Approach

3.1 Aufgabenstellung und Zielsetzung

Task and Objectives

Aus den vorherigen Kapiteln geht hervor, dass der Werkzeugmaschinenbau durch die Kombination aus *auftragsneutraler Baukasten- und Produktfamilienentwicklung* einerseits und *auftragsspezifischer Konfiguration und Anpassung* andererseits hohe Anforderungen an die Handhabung variantenreicher CAx Daten stellt.

Systeme zur disziplinübergreifenden Konfiguration von CAx Daten basieren heute üblicherweise auf einem applikationsintegrativen Ansatz, der durch Generieren von Projektdaten auf Dateiebene oder über automatisiertes Zusammensetzen von Komponenten durch Befehlssequenzen variantenspezifische Projektdaten generiert. Diese Vorgehensweise hemmt jedoch den Einsatz der in zunehmendem Maße verfügbaren datenintegrativen Konfiguratoren, die über ein hohes Maß an Benutzerfreundlichkeit verfügen. Weiterhin können applikationsintegrative Konfiguratoren zu einer erhöhten Komplexität in der IT-Landschaft führen, falls zusätzliche Software-Werkzeuge erforderlich sind.

Die vorliegende Arbeit hat zum Ziel, ein Konzept für die disziplinübergreifende Konfiguration zu entwickeln, der dem zunehmenden Einsatz datenintegrativer Konfiguratoren in heterogenen CAx Systemlandschaften Rechnung trägt und die für den Werkzeugmaschinenbau charakteristischen Anwendungsfälle unterstützt.

Der Ansatz soll ferner die Modularisierung der IT-Landschaft unterstützen, mit dem Ziel, möglichst aufwandsarm auf veränderte Anforderungen oder Innovationen seitens der CAx Systemanbieter reagieren zu können.

Die Forschungsfrage lautet daher: Welche grundlegenden IT-Architekturen und -Werkzeuge sind erforderlich, um die auftragsneutrale Erstellung sowie die auftragsspezifische Konfiguration variantenreicher Engineering-Daten für Produktfamilien im Werkzeugmaschinenbau effizient zu gestalten?

Die **Zielstellung der Arbeit** liegt in der Entwicklung eines Konzepts und eines Werkzeugs, welche die Erstellung konfigurierbarer Engineering-Daten für Produktfamilien im Werkzeugmaschinenbau unterstützen und eine disziplinübergreifende Konfiguration ermöglichen.

3.2 Vorgehensweise

Scientific Approach

Der zugrundeliegende Ansatz geht von einer heterogenen IT-Systemlandschaft aus, die Werkzeuge verschiedener Hersteller kombiniert.

Zwischen den einzelnen Disziplinen, wie beispielsweise der mechanischen Konstruktion und der Elektrokonstruktion, zeigen sich deutliche Unterschiede in den Datenstrukturen der verwendeten CAD-Werkzeuge. Um Dateninkonsistenzen innerhalb der Disziplin-übergreifenden Konfiguration zu vermeiden, ist eine effektive und effiziente Synchronisation der variantenbeschreibenden Produktdaten erforderlich.

Als **zentrale Forschungshypothese** wird die Annahme vertreten, dass sich heterogene variantenhaltige Datenmodelle automatisch in einheitliche Merkmalsmodelle transformieren lassen und somit eine allgemeinverständliche, disziplinübergreifende Sicht auf die interne Varianz innerhalb der jeweiligen Disziplin möglich wird.

Hierauf aufbauend wird angenommen, dass sich Merkmalsmodelle der externen Varianz als übergreifende Klammer für die Synchronisation der variantenbeschreibenden Daten innerhalb der einzelnen Disziplinen eignen.

Die Vorgehensweise gestaltet sich wie folgt:

In Kapitel 4 werden zunächst Grundlagen aus den Bereichen Modellierung, Konfiguration und Systems Engineering vorgestellt, die für das Verständnis der Arbeit relevant sind. In Kapitel 5 wird ein Rahmenkonzept für die Entwicklung individualisierter Werkzeugmaschinen erstellt. Der Fokus der Arbeit bildet ein Teilaspekt des Rahmenmodells: der Ansatz zur Konfiguration auf Basis automatisch extrahierter Merkmalsmodelle. Dieser Ansatz wird in Kapitel 6 detailliert behandelt. Die Realisierung und Bewertung ist in Kapitel 7 dargestellt, gefolgt von Zusammenfassung und Ausblick in Kapitel 8.

Für den Nachweis der Forschungshypothesen werden zwei Disziplinen mit heterogenen Datenstrukturen herangezogen: die elektrische Konstruktion und die mechanische Konstruktion mit den Werkzeugen des ECAD und des MCAD. Die gesamte Arbeit wird anhand eines durchgehenden Fallbeispiels aus dem Werkzeugmaschinenbau beschrieben.

3.3 Einführung in das durchgehende Fallbeispiel

Introduction to the ongoing case study

Als durchgehendes Fallbeispiel bei der Entwicklung des Konzepts wird die Z3-Plattform, eine Komponente der Werkzeugmaschine Ecospeed F der Dörries Scharmann Technologie GmbH (DST), herangezogen. Bei der Maschine handelt es sich um eine 5- bzw. 6-achsiges Fräszentrum für die Hochgeschwindigkeitsbearbeitung von Aluminiumstrukturbauteilen (s. Abbildung 3.1).

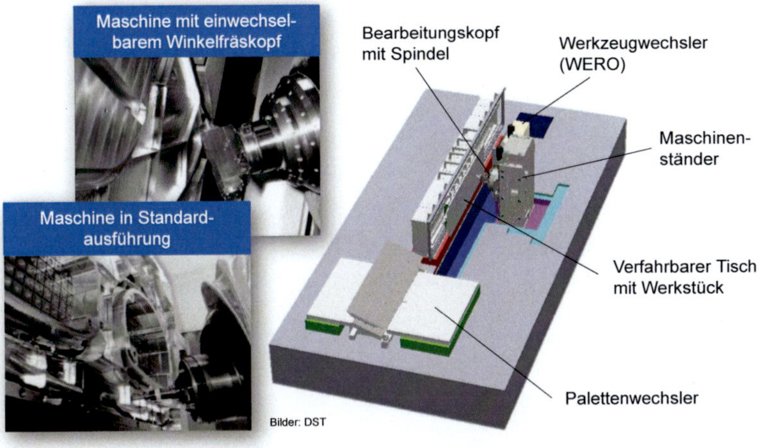

Abbildung 3.1: Zwei Varianten des Bearbeitungszentrums Ecospeed F

Two variants of the machining center Ecospeed F

Tabelle 3.1 zeigt zwei Merkmale mit unterschiedlichen Ausprägungen für exemplarische Kundenanforderungen.

Tabelle 3.1: Merkmale und Ausprägungen der Z3-Plattform (vereinfacht)

Features and Values of the Z3-Platform (simplified)

Merkmal	Einheit	Ausprägungen	
Spindelleistung	kW	80	120
Schwenkbereich	°	0 - 40	0 - 40 / 40 - 130

Das Merkmal *Schwenkbereich* beschreibt die mögliche Werkzeugorientierung im Betrieb. Sind aus Kundensicht Hinterschnitte erforderlich, kann die Maschine in einer Variante bestellt werden, die das automatische Einwechseln eines Winkelfräskopfes (WFK) während des Betriebs ermöglicht. Der Winkelfräskopf wird hierbei über einen um die C-Achse angeordneten Torque-Motor positioniert und vergrößert den Schwenkbereich auf bis zu 130°. Diese verhältnismäßig überschaubare *externe Varianz* führt auf technischer Eben zu einer Vielzahl an Unterschieden, die sich aufgrund der mechatronischen Systemeigenschaften durch die gesamte Maschine und über alle beteiligten Disziplinen erstrecken. Als Beispiel sei die zusätzlich benötigte Kühlung des Torque-Motors zu nennen, die neben der Verzweigung und Zusammenführung der Leitungen auch eine erhöhte Pumpenleistung des Kühlmittelaggregats erfordert (s. Abbildung 3.2). Im Standardfall ohne Winkelfräskopf wird die Maschine mit einem Düsenring um die Spindel ausgeliefert. Dieser ermöglicht die Zufuhr von Kühlschmiermittel an die Bearbeitungsstelle. Weiterhin ergeben sich zahlreiche Unterschiede in der Elektrik, Pneumatik, Hydraulik und Schmierung, von denen einzelne Aspekte herangezogen werden, um die Problemstellungen zu erläutern, die Konzepte zu entwickeln und zu validieren.

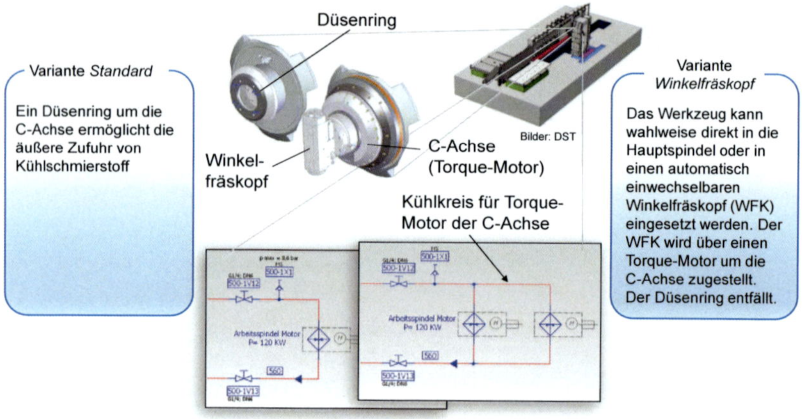

Abbildung 3.2: Beispiele für interne Varianz in Mechanik, Fluidik und Elektrik

Examples for internal variety within mechanics, fluidic and electric

Einen wichtigen Teilaspekt des Szenarios bildet der Werkzeugwechsler WERO. Abbildung 3.3 zeigt das System für die beiden betrachteten Varianten *Standard* und *mit WFK* bzw. Schwenkbereich *0°-40°* und *0°-40° / 40°-130°*. Der WFK kann über eine zusätzliche Verfahreinheit im oberen Teil abgelegt bzw. aufgenommen werden. Die untere Verfahreinheit ist für die Werkzeugversorgung zuständig. Im Falle der Standardvariante kann das Werkzeug stets in gleicher Orientierung in die HSK-Schnittstelle eingeführt werden. Bei der Variante mit WFK wird das Werkzeug entweder in Z-Richtung der Spindel oder um 90° verdreht dazu eingeführt, je nachdem ob der WFK gerade eingewechselt ist oder nicht. Neben der zur Beladung der Positioniereinheit erforderlichen Schwenkbewegung im Wechsler ist beim Einsatz des WFK somit eine dritte Schwenkposition erforderlich. Statt eines pneumatischen Motors mit zwei Positionen kommt daher in der Ausführung mit WFK eine elektrisch angetriebene NC-Achse mit drei Schwenkpositionen zum Einsatz.

Die Arbeit konzentriert sich zur Erläuterung und Validierung des Konzepts auf folgende Disziplinen, jeweils vertreten durch ein repräsentatives CAx Werkzeug mit datenintegrativem Konfigurator:

- *MCAD:* SolidWorks (Dassault Systèmes) sowie
- *ECAD:* Electric P8 / Fluid mit Add-on Project Options (EPLAN).

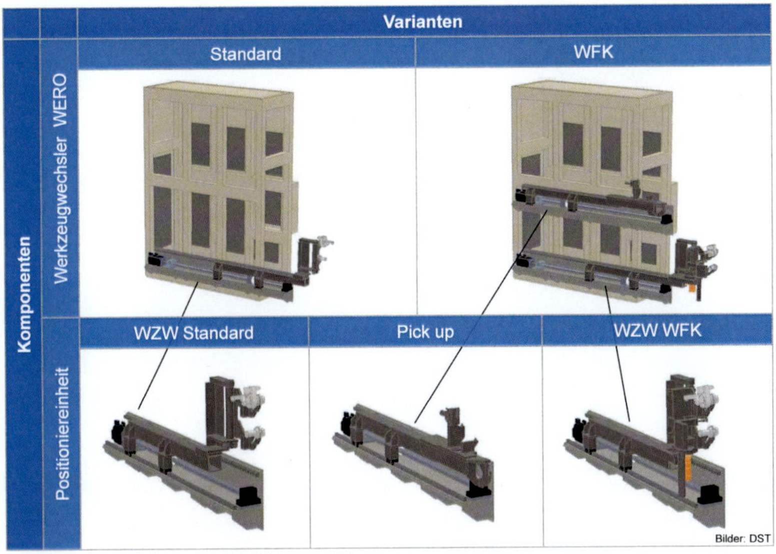

Legende: WFK: Winkelfräskopf WZW: Werkzeugwechsler

Abbildung 3.3: Varianten des Werkzeugwechsler WERO (vgl. [BREC11a, S.236])

Variants of the tool changing system WERO (cf. [BREC11a, p.236])

4 Grundlagen

Fundamentals

In diesem Kapitel werden die zum Verständnis der Arbeit erforderlichen Begriffe eingeführt, erläutert und definiert. In Kapitel 4.1 werden die Grundlagen der Modellierung erläutert. In Kapitel 4.2 werden Konzepte und Technologien der Modelltransformation vorgestellt, die das Fundament der Merkmalsmodellextraktion darstellen. In Kapitel 4.3 erfolgt die Begriffsdefinition zur Technologie der Konfiguratoren. Kapitel 4.4 erläutert den Grundgedanken des Systems Engineering. In Kapitel 4.5 erfolgt die Zusammenfassung.

4.1 Modell, Metamodell, Modellierungssprachen

Model, Metamodel, Modeling Languages

Die zunehmende Rationalisierung in der Software-Erstellung hat in mehrfacher Hinsicht zur Verbreitung von Modellierungstechnologien beigetragen, die heute nicht mehr ausschließlich zur Software-Entwicklung eingesetzt werden, sondern in verschiedenen Bereichen zum Systemverständnis und zur Integration der Disziplinen beitragen.

Modell

STACHOWIAK beschreibt drei wesentliche Merkmale von Modellen: das Abbildungsmerkmal, das Verkürzungsmerkmal und das pragmatische Merkmal.

Das *Abbildungsmerkmal* besagt, dass „Modelle stets Modelle von etwas [sind], nämlich Abbildungen, Repräsentationen natürlicher oder künstlicher Originale, die selbst wieder Modelle sein können."

Das *Verkürzungsmerkmal* besagt, dass „nicht alle Attribute des durch sie repräsentierten Originals, sondern nur solche, die den jeweiligen Modellerschaffern und/oder Modellbenutzern relevant erscheinen", durch Modelle erfasst werden.

Das *pragmatische Merkmal* adressiert die Zweckmäßigkeit von Modellen. Diese erfüllen „ihre Ersetzungsfunktion a) für bestimmte – erkennende und/oder handelnde, modellbenutzende – Subjekte, b) innerhalb bestimmter Zeitintervalle und c) unter Einschränkung auf bestimmte gedankliche oder tatsächliche Operationen." [STAC73, S.131ff]

Metamodell

Ein Metamodell beschreibt die Modellelemente, die für die Modellierung zur Verfügung stehen, und ist daher selbst ein Modell. Im Rahmenkonzept der OMG *Model-driven Architecture* (MDA) lassen sich prinzipiell beliebig viele Metaebenen übereinanderlegen, wobei die Elemente einer Ebene Instanzen der darüber liegenden Metaebene darstellen. Üblicherweise kommen zwei bis vier Ebenen zum Einsatz. Die oberste Ebene ist selbstabbildend und begrenzt daher die maximale Anzahl an Metaebenen nach oben. (vgl. [OMG11a, S.8f])

Ein häufig zitiertes Beispiel ist das sogenannte 4-Ebenen-Modell, das im Kontext der Unified Modeling Language (UML) betrachtet wird. Wie in Tabelle 4.1 dargestellt, werden hierbei die Ebenen mit M0 bis M3 bezeichnet. Die unterste Ebene M0 beschreibt ein Objekt (d.h. die Instanz einer Klasse) zur Laufzeit eines Programms im Speicher. Die Struktur und (in begrenztem Umfang) das Verhalten werden durch UML mit Hilfe eines Klassendiagramms und einer Instanzspezifkation beschrieben (M1). Die Ebene M2 entspricht der abstrakten Syntax der Sprache UML. Klassendiagramm und Instanzspezifikation sind Instanzen des durch die abstrakte Syntax definierten Metamodells. Die Beschreibung des Metamodells erfolgt auf Basis der *OMG Meta Object Facility* (MOF) auf der Ebene M3. MOF bzw. die Teilmenge *Essential MOF* (EMOF) ist selbstabbildend, d.h. es werden keine weiteren Metaebenen mehr benötigt.

Tabelle 4.1: 4-Ebenen Modell

4-Layer Model

Schicht	Bezeichnung	Beispiel
M3	Meta-Metamodell	MOF
M2	Meta-Modell	UML
M1	Modell	UML-Klassendiagramm + Instanzspezifikation
M0	Instanz / reales Objekt	Instanz einer Klasse im Speicher

Die Verwendung der Bezeichnungen M0-M3 bzw. das Festhalten am 4-Ebenen-Modell im Kontext der Metamodellierung ist nicht immer zielführend (vgl. [ebd., S.8]). Entscheidend sind einzig die Beziehungen zwischen zwei Ebenen: „konform zu“ sowie „Instanz von“, je nach Blickrichtung.

Für die Nutzung von Metamodellierungstechnologien sind entsprechende Modellierungswerkzeuge erforderlich. Das *Eclipse Modeling Framework* (EMF) ist ein Java Open Source Framework und bietet Funktionalitäten zur Code-Generierung, um Modellierungswerkzeuge oder andere Applikationen auf Basis strukturierter Modelle zu entwickeln. Kernelement von EMF ist die flexible Umwandlung zwischen XML Schema, UML Klassendiagrammen, annotierten Java Interfaces und Ecore. Ecore ist die in EMF verwendete Metamodellierungssprache, die einer Implementierung von EMOF entspricht. Mit Hilfe von EMF lässt sich für erstellte Modelle Code generieren und in eigenen Anwendungen nutzen. Standardmäßig wird beispielsweise Code für Editoren, Änderungsereignisse sowie für die programmatische Instanziierung von Modellelementen und deren Zugriff generiert. Weitere Funktionalitäten sind die Serialisierung und Deserialisierung von Ecore-Modellinstanzen mit Hilfe des XMI-Formats. (vgl. [STEIN09])

Modellierungssprache

Modellierungssprachen lassen sich in textuelle und grafische Sprachen sowie in formale, semi-formale und informale Sprachen unterscheiden. Formale Sprachen sind im Gegensatz zu informalen Sprachen präzise definiert und lassen sich daher durch standardisierte Verfahren maschinell verarbeiten (vgl. [ENGE12]). Die Spezifikation einer formalen Sprache besteht i.d.R. aus drei Teilen: der konkreten Syntax, der abstrakten Syntax sowie der Semantik.

Die *konkrete Syntax* ist eine menschenlesbare Darstellung der Modellierungssprache. Sie beschreibt die Grammatik (bei textuellen Sprachen) bzw. die grafischen Symbole, die dem Modellersteller zur Verfügung stehen. Die *abstrakte Syntax* beschreibt plattformneutral auf Basis einer formalen, maschinenlesbaren Darstellung die Regeln, nach denen die in der konkreten Syntax definierten Sprachelemente verwendet werden können (vgl. [ebd.]). Die abstrakte Syntax entspricht bei Modellierungssprachen dem Metamodell und wird selbst wieder mit Hilfe einer formalen Sprache beschrieben.

In formalen Sprachen werden die Benutzereingaben durch ein Modellierungswerkzeug (auch Engineering-Werkzeug, Entwicklungsumgebung o.ä.) auf Basis der konkreten Syntax in Instanzen des Metamodells, entsprechend der abstrakten Syntax, übersetzt.

Die Semantik der Sprache weist den Elementen der konkreten Syntax ihre Bedeutung zu. Diese i.d.R. linguistische Beschreibung kann zusätzlich durch eine formale Spezifikationssprache wie beispielsweise der OMG Object Contraint Language (OCL) unterstützt werden (vgl. [ebd.]).

4.2 Modell-zu-Modell-Transformation

Model-to-Model-Transformation

Vor dem Hintergrund des steigenden Umfangs heutiger Softwaresysteme gewinnen Technologien zur modellbasierten Software- und Systementwicklung zunehmend an Bedeutung. Modelltransformation gilt als Schlüsseltechnologie in der modellbasierten Software-Entwicklung und wird heute durch eine Vielzahl von Sprachen und Werkzeugen unterstützt. Transformationssprachen dienen zur Umwandlung von Quell- in Zielmodelle, die jeweils formal durch Metamodelle beschrieben werden. Zur Definition der Umwandlung wird vom Anwender eine Transformationsvorschrift erstellt, welche die Metamodelle der Quell- und Zielmodelle in Beziehung setzt. Die Transformationsvorschrift ist hierbei eine Instanz des durch die Sprache definierten Metamodells und basiert auf einer textuellen und/oder grafischen Repräsentation (vgl. [CZAR06, S.10]). Zur Ausführung der Transformation ist eine Laufzeitumgebung erforderlich, die das Quellmodell und die Transformationsvorschrift einliest, die eigentliche Transformation durchführt und das Ausgangsmodell erzeugt.

Abbildung 4.1 zeigt schematisch das Prinzip der Modell-zu-Modell-Transformation am Beispiel einer unidirektionalen Transformation mit jeweils einem Eingangs- und Ausgangsmodell.

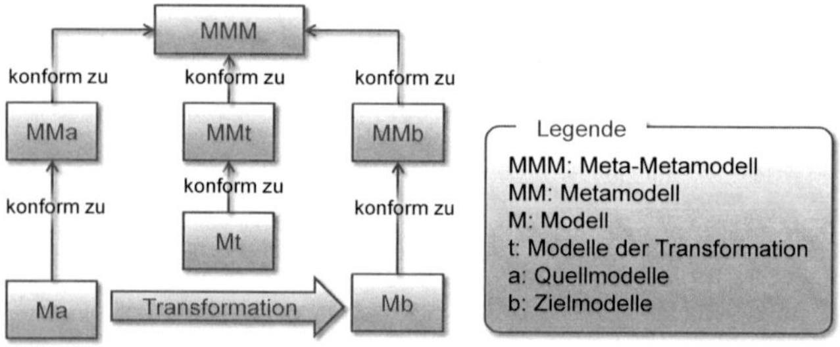

Abbildung 4.1: Prinzip der Modell-zu-Modell-Transformation (in Anlehnung an [ATL12])

Principle of model-to-model transformations (based on [ATL12])

Ein Beispiel für eine Transformationssprache, die dieses Schema implementiert, ist die von der OMG standardisierte Sprache *Query, View, Transformation* (QVT), die wiederum aus drei Teilen besteht: den deklarativen Sprachen *QVT Core* und *QVT Relations* sowie der imperativen Sprache *QVT Operational Mappings* (QVTo).

Generell entspricht die deklarative Programmierung der Beschreibung eines Zielzustandes, wobei die Ausführungsreihenfolge der Aktionen nicht explizit festgelegt wird. Bei der imperativen Programmierung wird das Programm durch eine Reihe an Befehlen beschrieben, die sequenziell abgearbeitet werden.

Bei der deklarativen Variante *QVT Relations* werden mit Hilfe logischer Aussagen die Modellelemente von Quell- und Zielmodell verknüpft. Es werden somit Zustände definiert, die von der QVT Laufzeitumgebung während der Transformationsausführung erzeugt werden. Vorteil dieser Variante ist die Möglichkeit zur bidirektionalen Transformation. Bei komplexen Transformationen, wenn sich beispielsweise die Struktur von Quell- und Zielmodell stark unterscheiden, stößt diese Vorgehensweise jedoch an Grenzen in Bezug auf Bedienbarkeit.

Das Prinzip der Modelltransformation mit QVTo wird im Anhang A1 anhand eines Beispiels erläutert. Für eine umfassende Klassifikation von Transformationssprachen sei auf CZARNECKI UND HELSEN [CZAR06] verwiesen.

4.3 Konfiguratoren

Configurators

4.3.1 Einleitung

Introduction

Produktkonfiguratoren zählen zu der Klasse der wissensbasierten Systeme, die dem Forschungsbereich der künstlichen Intelligenz entstammen und in den 70er und 80er Jahren unter dem Überbegriff *Expertensysteme* in verschiedene Anwendungsgebieten Einzug fanden. Die ersten Anwendungen von Expertensystemen lagen im Bereich der medizinischen Diagnose und der Auslegung komplexer technischer Systeme. Zur Definition des Begriffs Expertensystem existieren unterschiedliche Ansätze, deren gemeinsamer Nenner sich wie folgt zusammenfassen lässt (vgl. [CORS00, S.240]):

Ein Expertensystem lässt sich als informationsverarbeitender Automat auffassen, der sich durch zwei charakteristische Merkmale auszeichnet:

- Ein Benutzer kann das Expertensystem beauftragen, eine klar beschriebene Aufgabe zu erfüllen, ohne dabei festlegen zu müssen, wie das Expertensystem bei seiner Aufgabenerfüllung vorgehen soll.
- Das Expertensystem greift bei seiner Aufgabenerfüllung auf Wissen über seinen Anwendungsbereich zurück, das in einer separaten Wissensbasis explizit repräsentiert wird.

Nach CLAYCY lassen sich Operationen wissensbasierter Systeme in die Klassen Konstruktion (Synthese) und Interpretation (Analyse) einteilen (s. Abbildung 4.2). Design, als Subtyp von Konstruktion, lässt sich weiter in Konfiguration und Planung unterteilen. Unter Montieren (Assemble) wird die reale Ausführung der Prozessplanung verstanden. (vgl. [CLAC85, S.30ff])

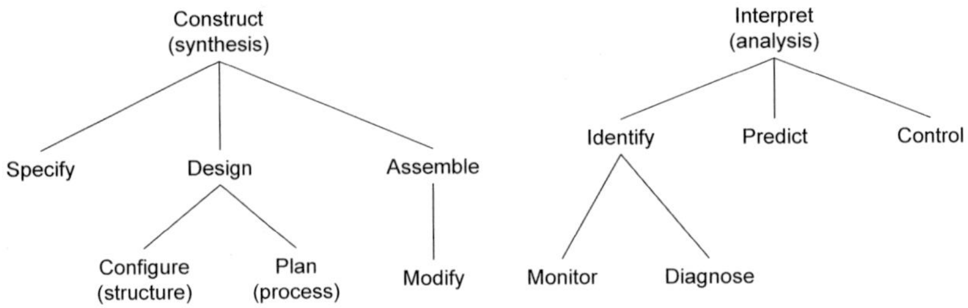

Abbildung 4.2: Generische Operationen für Analyse und Synthese [CLAC85, S.30]

Generic Operations for Analysis and Design [CLAC85, p.30]

Der Begriff Konfiguration ist zweideutig belegt: einerseits ist er den Konfigurations-*prozess* als Entscheidungsprozess, andererseits bezeichnet Konfiguration auch das Resultat dieses Prozesses in Bezug auf das konfigurierte Produkt [NEUN09, S.8].

MITTAL UND FAYMAN definieren *Konfiguration* wie folgt: "Configuration is a special type of design activity, with the key feature that the artifact being designed is assembled from a set of pre-defined components that can only be connected together in certain ways." [MITT89, S.1395]

Bezieht sich Konfiguration auf Produkte, spricht man von *Produktkonfiguration*. Diese umfasst neben Sachleistungen auch Dienstleistungen, die integriert geplant werden müssen, um maximalen Kundennutzen zu erzielen [MEIE12].

HEDIN ET AL. definieren den Begriff **Produktkonfigurator** wie folgt:

"A product configurator is a tool which supports the product configuration process so that all the design and configuration rules which are expressed in a product configuration model are guaranteed to be satisfied." [HEDI98, S.107]

Die erste Generation von Konfiguratoren nutzte den sogenannten regelbasierten Ansatz als grundlegendes Paradigma (vgl. [GÜNT99, S.49]). Ein Beispiel für diese Systemklasse ist *XCON* (Expert Configurer), einer der ersten industriell eingesetzten Konfiguratoren zur Auftragsabwicklung von VAX-Computern der Firma DEC (Digital Equipment Corporation) (vgl. [MACD82]).

Der regelbasierte Ansatz nutzt Produktionsregeln der Form „WENN *Bedingung*$_1$,…,*Bedingung*$_n$ DANN *Aktion*$_1$,…,*Aktion*$_m$" zur Formalisierung des Domänenwissens und zur Lösungsfindung. Im Bedingungsteil der Regeln werden die Fakten (als Attribute von Objekten) über logische Ausdrücke miteinander verknüpft; im Aktionsteil wird schreibend auf Attribute zugegriffen. Die Regeln werden während der Laufzeit ausgewertet und durch Vorwärtsverkettung ausgelöst.

XCON war mehrere Jahre erfolgreich im Einsatz, führte jedoch aufgrund der hohen Anzahl an Regeln (1989 enthielt XCON mehr als 17.000 Regeln) zu immensen Wartungskosten (vgl. [FELF08, S.76]).

Die Schwachstellen der regelbasierten Konfigurationssysteme lassen sich in den Bereichen der Wissensakquisition, Konsistenzprüfung, Wartbarkeit und Anpassungsfähigkeit sowie der fehlenden Modularität identifizieren [GÜNT99, S.49]. Eine der Ursachen für die beschriebenen Probleme liegt in der Mischung von Domänenwissen und Kontrollwissen [ebd. S.76] (Kontrollwissen beinhaltet beispielsweise die Reihenfolge der Konfigurationsschritte und die systematische Eingrenzung des Lösungsraums).

GÜNTER UND KÜHN identifizieren für die Konfigurationsaufgabe folgende elementaren Teilaspekte: [ebd. S.47]

- eine Menge an Objekten der Anwendungsdomäne mit ihren Eigenschaften als Parametern,
- einen Satz an Relationen zwischen den Objekten der Domäne mit Fokus auf taxonomische („ist-ein") und kompositionelle („Teil-von") Beziehungen,
- eine Aufgabenspezifikation zur Festlegung der Anforderungen, die vom konfigurierten Produkt erfüllt werden müssen sowie
- Kontrollwissen über den Konfigurationsprozess.

Die Technologien und Ansätze im Bereich der Konfiguratoren haben sich seit der Einführung der ersten Systeme stetig weiterentwickelt. Aufgrund der Breite des Anwendungsfeldes hat sich eine Vielzahl unterschiedlicher Ausprägungen der Systeme ergeben, deren allgemeine Eigenschaften im Folgenden vorgestellt werden.

4.3.2 Grundlegende Klassifikation von Konfigurationssystemen

Basic Classification of Configuration Systems

Blecker et al. schlagen zur Charakterisierung von Konfiguratoren einen morphologischen Kasten vor (s. Tabelle 4.2), aus dem im Folgenden ausgewählte Aspekte vorgestellt werden (vgl. [BLEC04]). Die Klassifikation wird in Kapitel 6.2 zur Bewertung von Lösungsalternativen herangezogen.

Tabelle 4.2: Klassifikation von Konfiguratoren (in Anlehnung an [BLEC04])

Classification of configurators (based on [BLEC04]

Merkmal	Ausprägung					
Produktions-Strategie	ATO	CTO	ETO			
Wissensbasis	regelbasiert	modellbasiert			fallbasiert	
		logikbasiert	Contraint-basiert	ressourcen-basiert		
Organisation	zentral	dezentral				
Benutzerschnittstelle	textuell	tabellarisch	grafisch			
Anwendergruppe	Fachabteilung	Vertriebsinnendienst	Vertriebsaußendienst	Kunde		
Konsistenzprüfung	online	offline				
Einsatzbreite	spezialisiert	allgemeingültig				
Automatisierungsgrad	manuell	interaktiv	vollautomatisch			
Systemintegration	stand-alone	datenintegrativ	applikationsintegrativ			
Lösungssuche	Merkmale	Komponenten				
PLM Unterstützung	ohne Rekonfiguration	Trennung von Konfiguration und Rekonfiguration	integrierte Konfiguration und Rekonfiguration			
Ausgangsgrößen	Spezifikation	Auftrag (Produktion)	Stückliste	Steuerungsparameter	(Kunden-) Dokumentation	CAx-Quelldaten

Produktionsstrategie

Produktionsstrategien sind ein wesentlicher Gestaltungsparameter für produzierende Unternehmen. Beim Engineer-to-Order (ETO) wird das Produkt auftragsspezifisch entwickelt. Beim Configure-to-Order (CTO) wird auftragsspezifisch gefertigt und beim Assemble-to-Order (ATO) auftragsspezifisch montiert. Konfiguratoren adressieren häufig nur Reinformen dieser Strategien. Die Mischung von ETO- und CTO-Konzepten im Werkzeugmaschinenbau stellt jedoch spezifische Anforderungen an Konfigurationswerkzeuge. Für eine detailliertere Darstellung zur Produktionsstrategie sei auf Kapitel 2.2 verwiesen.

Wissensbasis

Aufbauend auf dem im vorherigen Kapitel beschriebenen regelbasierten Ansatz wurden zunehmend Konzepte entwickelt, die stärkeres Gewicht auf die Modellierung der (konfigurierbaren) Produkte legen. Der *modellbasierte* Ansatz fasst hierbei *logikbasierte*, *Constraint-basierte* und *ressourcenbasierte* Verfahren zusammen, die im Folgenden näher beschrieben werden.

Der *logikbasierte* Ansatz nutzt Aussagenlogik oder ausdrucksstarke Beschreibungslogiken wie beispielsweise OWL2[16]/SWRL[17] aus dem Bereich des *Semantic Web* (vgl. [WANG07]). Für beide Ansätze existieren kommerzielle und frei verfügbare Inferenz-Maschinen, mit deren Hilfe sich Schlussfolgerungen auf der Wissensbasis realisieren lassen.

Auch die Nutzung von Logiksprachen, wie beispielsweise die auf Teilen der Prädikatenlogik basierende Sprache *PROLOG*[18], ist prinzipiell möglich. Logikprogrammiersprachen weisen jedoch i.d.R. Defizite hinsichtlich einiger, für die Konfiguration wichtiger Aspekte auf. Beispiele hierfür sind Disjunktionen, Kardinalitäten oder die Auswahl zwischen Alternativen [SOIN01].

Beim *Constraint-basierten Ansatz* werden Restriktionen in der Kombinierbarkeit von Komponenten oder deren Parameter mit Hilfe von Zusicherungen (engl.: Constraints) beschrieben. Als Constraints werden ungerichtete Abhängigkeiten zwischen Variablen bezeichnet. Constraints eignen sich daher zur Beschreibung lokaler Randbedingungen. Jedes neue Constraint führt zu einer zusätzlichen Begrenzung des Lösungsraums. (vgl. [PUPP88, S.37])

Kommerzielle oder frei verfügbare Constraint-Solver lassen sich einsetzen, um für ein gegebenes Constraint-System valide Lösungen zu ermitteln, die alle Bedingungen erfüllen. Hierbei lassen sich neben booleschen Constraints auch Integer- und Fließkommazahlen mit nicht-linearen Abhängigkeiten nutzen. Constraint-Solver lassen sich daher auch zur Optimierung, beispielsweise in der Ablaufplanung für flexible Fertigungssysteme, einsetzen (vgl. [FAYZ11]).

Beim *Ressourcen-basierten Ansatz* wird davon ausgegangen, dass sich Komponenten in Verbraucher und Versorger bzw. Quellen und Senken klassifizieren lassen. Eine Komponente wird ausgewählt, weil sie die von anderen Komponenten benötigten Ressourcen bereitstellt. Eine Konfiguration ist dann vollständig und optimal, wenn ein ausgewogenes Verhältnis aus erforderlichen und bereitgestellten Ressourcen vorliegt. So wird beispielsweise die Einspeisung eines konfigurierbaren Produkts so gewählt, dass die bereitgestellte Leistung mindestens der Summe der Leistung aller in der Konfiguration enthaltenen Verbraucher entspricht. (vgl. [GÜNT99, S.53]).

Der *fallbasierte* Ansatz basiert auf der Annahme, dass ähnliche Problemstellungen auch ähnliche Lösungen erfordern. Durch Vergleich der Problemstellungen mit historischen Daten wird daher versucht, eine entsprechende Lösung zu finden und anzupassen. Hierbei lassen sich zwei Varianten unterscheiden: die Auswahl einer Gesamtlösung auf Basis von Falldaten und einer Problembeschreibung einerseits sowie die Auswahl von Wissen für jeden individuellen Konfigurationsschritt andererseits. [ebd. S.53]

---

16 OWL: Web Ontology Language
17 SWRL: Semantic Web Rule Language
18 Programmation en Logique

Organisation

Als organisatorischer Aspekt für den Einsatz eines Konfigurators lassen sich ein verteilter und ein zentralisierter Ansatz unterscheiden. Beim verteilten Ansatz erstreckt sich das zur Erstellung einer Konfiguration erforderliche Wissen (im Gegensatz zum zentralisierten Ansatz) über mehr als eine Organisationseinheit (vgl. [BLECK04, S.27]). Weiterhin sind Mischformen wie beispielsweise die verteilte Erstellung eines zentralen Modells oder die Synchronisation verteilter Modelle möglich.

Systemintegration

Bezüglich der Systemintegration kann zwischen *getrennten Systemen*, *applikationsintegrativen* und *datenintegrativen Systemen* unterschieden werden. Beim getrennten System liegt keinerlei Kopplung mit anderen Systemen vor, so dass für die Weiterverarbeitung der ermittelten Konfiguration eine manuelle Übertragung oder Eingabe erforderliche ist. Applikationsintegrative Konfiguratoren verfügen über direkte Kommunikationsschnittstellen zwischen Konfigurator und weiterverarbeitenden Systemen. Datenintegrative Konfiguratoren sind direkt in das Zielsystem integriert und daher optimal in das Bedienkonzept des jeweiligen Werkzeugs angepasst. [ebd. S.29]

Vorteile datenintegrativer Konfiguratoren sind der hohe Bedienkomfort, das bestmögliche interaktive Verhalten und die Vermeidung redundanter Daten. Herausforderung für eine Vollintegration bildeten in der Vergangenheit (und teilweise noch heute) die fehlende Erfahrung der Systemanbieter in Bezug auf Variantenmechanismen sowie der hohe Aufwand bei der Erweiterung bestehender Datenmodelle (vgl. [SCHÄ03a, S.39]).

Lösungssuche

Die Lösungssuche kann vom Benutzer auf unterschiedlichen Ebenen durchgeführt werden. BLECKER ET AL. unterscheiden hierbei in *Konfiguration durch Features* einerseits und *Konfiguration technischer Komponenten* andererseits. Im ersten Fall erfolgt die Konfiguration auf einer abstrakten Ebene, die den variablen Kundenanforderungen entspricht. Im zweiten Fall, der *Konfiguration technischer Komponenten*, werden ausgehend von einem Standardprodukt einzelne Optionen (unter Nutzung von Regelwissen) schrittweise hinzugefügt. (vgl. [BLECK04, S.29])

Im Software-Bereich wird hinsichtlich unterschiedlicher Abstraktionsebenen zwischen Problemraum (engl.: problem space) und Lösungsraum (engl.: solution space) unterschieden. CZARNECKI beschreibt die Begriffe wie folgt: "Problem space is a set of domain-specific abstractions that can be used to specify the desired system-family member. [...] The solution space, on the other hand, consists of implementation-oriented abstractions, which can be instantiated to create implementations of the specifications expressed using the domain-specific abstractions from the problem space." [CZAR05].

SCHUH ET AL. unterscheiden zur Analyse von Baukastenstrukturen zwischen *Bedürfnisbaum* (Merkmale und Ausprägungen der Kundenanforderungen) und *Merkmals-*

baum (Merkmale und Ausprägungen der konkreten Produktstruktur) (vgl. [SCHU11b, S.127]).

Lösungen zur Abbildung zwischen Problem- und Lösungsraum werden beispielsweise von SANEN ET AL. [SANE09] und METZGER ET AL. [METZ07] vorgeschlagen.

4.3.3 Wissensakquise und Repräsentation

Knowledge Acquisition and Representation

Während im vorherigen Kapitel interne Repräsentationsformen und Technologien vorgestellt wurden, wird im Folgenden die Wissensakquise adressiert. Die Wissensakquise ist der Prozess zur Formalisierung des Konfigurationswissens, so dass dieses vom Konfigurator automatisiert verarbeitet werden kann. Nach PUPPE lassen sich drei Arten der Wissensakquise unterscheiden (vgl. [PUPP88, S.120]):

- *Indirekter Wissenserwerb:* Der Wissensingenieur befragt den Experten und formalisiert die Ergebnisse für das Expertensystem (bzw. den Konfigurator).
- *Direkter Wissenserwerb:* Die Formalisierung des Wissens erfolgt durch den Experten selbst.
- *Automatischer Wissenserwerb:* Das Expertensystem (bzw. der Konfigurator) extrahiert sein Wissen selbständig aus Falldaten.

Nachteile des indirekten Wissenserwerbs liegen im hohen Aufwand, in der Fehleranfälligkeit und der geringen Akzeptanz. Der direkte Wissenserwerb ermöglicht eine Dezentralisierung, da die Formalisierung durch die Experten (beispielsweise innerhalb der einzelnen Fachabteilungen) erfolgt. Ein automatisierter Wissenserwerb führt zwar zu einer weitgehenden Aufwandsreduktion in der Wissensakquise, erfordert jedoch entsprechende Rahmenbedingungen hinsichtlich Datenqualität, Kommunikationsinfrastruktur und der Fähigkeit zum maschinellen Lernen.

Um eine direkte Wissensakquise zu ermöglichen, sind geeignete Repräsentationsformen und Mensch-Computer-Schnittstellen erforderlich. Gängige Verfahren zur Eingabe des Konfigurationswissens sind beispielsweise Tabellen in Form einer Merkmalsausprägungsmatrix (vgl. [SCHU05, S.249ff]) oder textuelle Sprachen zur Definition logischer oder numerischer Constraints. Durch entsprechende Aufbereitung (z.B. mit Hilfe von Modelltransformationen) lässt sich die Eingabe in eine vom Konfigurationssystem interpretierbare Form überführen und automatisiert verarbeiten.

Für eine Übersicht und Bewertung der Ausdrucksstärke und des Formalisierungsgrades unterschiedlicher Darstellungsarten für Konfigurationswissen sei auf [PULS03] verwiesen.

Eine weitere, aus der Software-Technik stammende Möglichkeit zur Repräsentation von Konfigurationswissen sind sogenannte *Feature-Modelle*, die seit ihrer Einführung eine breite Akzeptanz erlangt haben [KANG10, S.30]. Technologien, die Feature-Modelle nutzen, entwickeln sich kontinuierlich weiter, so dass mit Synergien auch im

Bereich der physischen Produkte gerechnet werden kann. Da Feature-Modelle in abgewandelter Form eine zentrale Rolle in der vorliegenden Arbeit spielen, werden diese im Folgenden detailliert vorgestellt.

4.3.4 Feature-Modelle

Feature Models

Einführung

Feature[19]-Modelle wurden von KANG ET AL. als Teil des Konzepts der *Feature-oriented Domain Analyses (FODA)* entwickelt (vgl. [KANG90]). FODA ist eine Methodik zur systematischen Identifikation von Gemeinsamkeiten sowie zur Erhöhung der Transparenz innerhalb einer Domäne[20]. Beide Aspekte sind wesentliche Voraussetzung für den systematischen Aufbau wiederverwendbarer Komponenten (Anforderungen, Design-Modelle, Quellcode, Testdaten etc.).

Zur Unterstützung der Domänenmodellierung wurde in FODA eine Sprache vorgestellt, die es ermöglicht, mit einfachen grafischen Mitteln und textueller Anreicherung die Varianz innerhalb einer Domäne zu beschreiben. Diese Beschreibung orientiert sich an der Sicht des Endanwenders [ebd., S.23] (d.h. sie beschreibt den Problemraum). Untersucht werden hierbei die Einflussfaktoren, die letztendlich zu unterschiedlichen Anwendungen oder unterschiedlichen Implementierungen einer Anwendung führen. Die in FODA präsentierte Sprache definiert jedoch ausschließlich die konkrete Syntax. Für die formale Beschreibung durch eine abstrakte Syntax existieren bis heute keine Standards (vgl. [KANG10]).

Abbildung 4.3 zeigt exemplarisch ein vereinfachtes Feature-Modell für eine Werkzeugmaschine. Feature-Modelle, bestehend aus Knoten und Kanten, lassen sich hierarchisch gliedern. Durch die Enden der Kanten (gefüllt / nicht gefüllt) erfolgt eine Unterscheidung zwischen Muss-Komponenten und optionalen Komponenten. Durch Exklusiv-Oder (logisches XOR) sowie durch Oder-Gruppen (logisches ODER) lassen sich Gruppierungen weiter charakterisieren. Durch sogenannte Cross-Tree-Relations (requires: logisches UND; mutex: „mutual exclusive with", logisches XOR) werden Abhängigkeiten zwischen den Features unterschiedlicher Elternknoten definiert.

Im betrachteten Fall lässt sich beispielsweise die Tischvariante für Stangenbearbeitung nur mit der Einfachspindel kombinieren.

Die ursprünglich in FODA vorgestellte Sprache umfasst die Sprachelemente *optional*, die Cross-Tree-Relations *requires* und *mutex* sowie textuelle Annotationen. Die Sprache wurde seitdem weiterentwickelt und um neue Elemente ergänzt[21]. Eine sol-

---

[19] Feature: "A distinctive attribute or aspect of something" [OXFO14]. Als deutsche Übersetzung wird in dieser Arbeit der Begriff *Merkmal* verwendet.

[20] "Domain: (also called application domain) A set of current and future applications which share a set of common capabilities and data." [KANG90, S.2]

[21] Erweiterungen des ursprünglichen FODA-Modells werden auch als *extended*, *advanced* oder *attributed feature* model bezeichnet [BENA09, S.5]. Für eine Übersicht über die historische Entwicklung und Abstammung unterschiedlicher Feature-Modellarten sei auf [KANG10] verwiesen.

che Erweiterung stellt das von Czarnecki et al. entwickelte kardinalitätsbasierte Feature-Modell dar. Dieses kann genutzt werden, um die Anzahl der maximal möglichen Komponenten in ODER-Gruppen einzuschränken (vgl. [CZAR05]). Die Verwendung von Feature-Modellen erfordert in einigen Fällen die Angabe zusätzlicher Informationen über die Merkmale in Form sogenannter Feature-Attribute. Die Nutzung von Feature-Attributen nach Benavides et al. ermöglicht eine feingranulare Beschreibung des Konfigurationsraums (vgl. [BENA05, S.2]). Der Verweis auf Feature-Attribute innerhalb von Cross-Tree-Relations bietet die Möglichkeit, zusätzliche Einschränkungen des Konfigurationsraums zu definieren. Je nach Ausdrucksstärke lassen sich somit auch komplexere Abhängigkeiten zwischen den Features in Form von Constraints beschreiben. Die konkrete Syntax kann hierbei über textuelle Annotationen an den Kanten der Cross-Tree-Relations erfolgen. Um den interaktiven Konfigurationsprozess durch optimale Vorbelegung mit Default-Werten zu unterstützten, erweitern Czarnecki et al. Feature-Modelle um sogenannte Soft-Constraints („probabilistic logic constraint") zu Probabilistic Feature Models (PFM) (vgl. [CZAR08]).

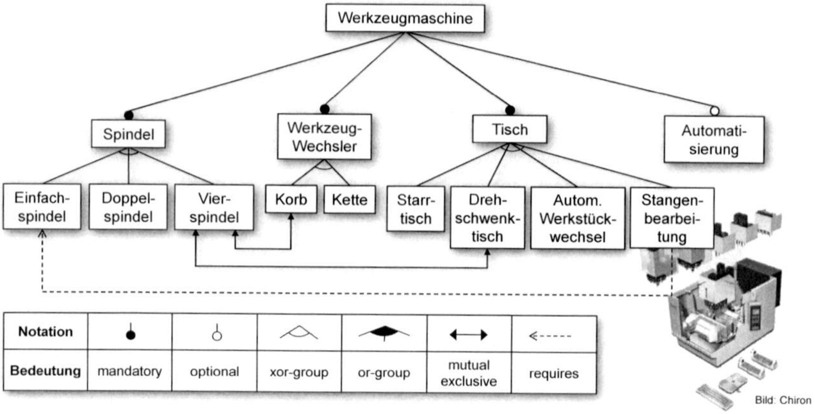

Abbildung 4.3: Exemplarisches Feature-Modell

Example of a Feature Model

Eine Umfrage unter führenden Experten im Bereich der Software-Technik hat ergeben, dass die Vorteile von FODA-ähnlichen Feature-Modellen in der einfachen Anwendung und der guten Unterstützung der Kommunikation zwischen den Stakeholdern liegen. Forschungsbedarf im Bereich der Feature-Modelle wird u. a. in folgenden Bereichen gesehen: (vgl. [KANG10, S.29])

- der Standardisierung von Merkmalsmodellen,
- der Zuordnung zwischen Merkmalsmodell und Entwicklungs-Artefakt,
- der Skalierbarkeit der Modelle (hinsichtlich Benutzerfreundlichkeit und Geschwindigkeit der Auswertung) sowie
- der automatischen Auswertung der Modelle.

Merkmalsmodelle haben sich heute im Bereich der Software-Technik etabliert und werden als wichtigster Beitrag zum Software Produktlinien (SPL) Ansatz angesehen. Unter dem SPL-Ansatz wird innerhalb der Software-Branche ein umfassendes Konzept zur systematischen Wiederverwendung von Entwicklungsergebnissen verstanden. Der SPL-Ansatz beinhaltet viele Parallelen zum Baukastenkonzept der Produktionstechnik bzw. Konstruktionslehre. Nach CLEMENTS UND NORTHROP bilden folgende drei Kernaktivitäten die Basis des SPL-Ansatzes (vgl. [CLEM02]):

- *Domain-Engineering:* Die auftragsneutrale Entwicklung wiederverwendbarer Artefakte sowie die Vorgaben, nach denen diese zu Produkten zusammengesetzt werden.
- *Application-Engineering:* Die auftragsspezifische Erstellung eines konkreten Produkts.
- *Management:* Alle Unterstützungsprozesse, um eine effektive und effiziente Interaktion zwischen Domain- und Application-Engineering sicherzustellen.

Feature-Modelle (basierend auf der in FODA vorgestellten Sprache) lassen sich als Beschreibung eines Konfigurationsraums interpretieren und können daher als modellbasierte Wissensrepräsentation aufgefasst werden. Zur Nutzbarmachung des Konfigurationswissens innerhalb von Konfiguratoren ist eine Formalisierung der Modelle erforderlich. Je nach anzustrebendem Automatisierungsgrad ist weiterhin eine Verknüpfung der Modelle mit den entsprechenden Artefakten (im SPL-Kontext als *Asset* bezeichnet) erforderlich. Die aufwandsarme Erstellung einer solchen Verknüpfung ist heute Gegenstand der Forschung (vgl. [KANG10, S.29]).

Automatische Verarbeitung von Feature-Modellen

Die existierenden Ansätze zur automatischen Verarbeitung von Feature-Modellen wurden in einer Studie von BENAVIDES ET AL. analysiert (vgl. [BENA09]). Die Merkmalsmodelle werden hierbei in eine formalisierte Darstellung (Constraint Solving Problem (CSP), Aussagenlogik, Beschreibungslogik o.a.) überführt und von entsprechenden Solvern bzw. Reasonern verarbeitet.

Die angewandten Operationen lassen sich den Phasen Baukastenentwicklung (auftragsneutral) und Konfiguration (auftragsspezifisch) zuordnen (s. Tabelle 4.3). Erstere benötigt als Eingabe ein oder mehrere Feature-Modelle in formalisierter Darstellung. Letztere benötigt ein Feature-Modell und zusätzliche Informationen zur aktuellen bzw. geforderten Konfiguration.

Insbesondere bei großen Modellen können Fehler zu Inkonsistenzen führen. Neben Operationen zur Fehlererkennung existieren auch Operationen zur Fehlerbeseitigung, die entsprechende Korrekturvorschläge durch Inferenz erstellen. Metriken zur Analyse der Modelle geben u. a. Aufschluss über den Anteil gemeinsamer Komponenten (Kommunalitätsgrad), die Unabhängigkeit von Teilmodellen (Ortogonalität) sowie die Quervernetzung bzw. gegenseitige Beeinflussung von Features. Zur Vereinfachung bzw. effizienten Verarbeitung von Feature-Modellen besteht eine Strategie in der Identifikation invarianter Bereiche, um diese zu kapseln.

Tabelle 4.3: Operationen zur automatischen Verarbeitung von Feature-Modellen (vgl. [BENA09])

Operations for the automatic processing of feature models (cf. [BENA09])

Phase	Kategorie	Fokus der Operation
Baukastenentwicklung (auftragsneutral)	Fehlererkennung	▪ nicht aktivierbare Merkmale ▪ falsche optionale Merkmale ▪ falsche Kardinalitäten ▪ Redundanzen
	Fehlerkorrektur	▪ Korrekturplanung und Erläuterung
	Bewertung	▪ Anzahl möglicher Produkte ▪ Anzahl der Kernmerkmale ▪ Anzahl variable Merkmale ▪ Grad der Unabhängigkeit ▪ Quervernetzung
	Vereinfachung	▪ Invariante Bereiche
	Weiterentwicklung	▪ Generalisierung ▪ Spezialisierung ▪ Umbau
Konfiguration (auftragsspezifisch)	Fehlererkennung	▪ Valide (Teil-)Konfigurationen
	Fehlervermeidung / Entscheidungsunterstützung	▪ Filterung ▪ Abhängigkeitsanalyse ▪ Präferenzen ▪ Autovervollständigung
	Entscheidungsfindung	▪ Optimierung ▪ Mehrschrittkonfiguration

Im auftragsspezifischen Bereich zählt die Validierung eines konfigurierten Produkts zu den elementaren Operationen. Für die interaktive Konfiguration ist weiterhin die automatische Detektion von Wechselwirkungen zwischen den Merkmalen erforderlich. Erfolgt die Aktivierung entsprechender Modellelemente automatisch (z. B. durch Analyse der Requires-Beziehung), wird von Autovervollständigung gesprochen. Weitere Unterstützung ergibt sich durch den Einsatz von Soft-Constraints, die sich zur Modellierung von Präferenzen nutzen lassen. Filter unterstützen den Benutzer, indem zu einem beliebigen Zeitpunkt im Konfigurationsprozess alle bereits festgelegten Bereiche des Konfigurationsraums ausgeblendet werden.

Um bei Modellen mit vielen Wechselwirkungen die Flexibilität des Konfigurationsprozesses zu erhalten, existieren Operationen, die für einen vorgegebenen Zielzustand im Konfigurationsmodell eine Planung der erforderlichen Konfigurationsschritte durchführen (Mehrschrittkonfiguration). Insbesondere in Verbindung mit Feature-

Attributen ist auch die Optimierung auf Basis einer Zielfunktion Gegenstand der Forschung.

Reverse Engineering von Feature-Modellen

Die von CZARNECKI ET AL. unter der Bezeichnung *Feature Model Mining* entwickelten Verfahren sind in der Lage, auf Basis von Beispieldatensätzen Feature-Modelle zu erzeugen. Folgende Grundregeln dienen zur Generierung von Feature-Modellen: [CZAR07]

AND-Gruppen: Eine AND-Gruppe wird erzeugt, wenn für eine Menge an Features eine bidirektionale Implikation zwischen jedem Feature besteht. D. h., ein Feature f_i ist Bestandteil einer AND-Gruppe $f_1,\cdots,f_k$, wenn alle Features f_i bidirektionale Implikationen untereinander haben.

OR-Gruppen: Aus einer Gruppen-Implikation $f \rightarrow f_1 \vee \cdots \vee f_k$ wird eine OR-Gruppe f mit $f_1,\cdots,f_k$ als Sub-Features erzeugt, wenn sich die Sub-Features hierarchisch unterhalb des Gruppen-Features befinden. Die Sub-Features werden zunächst als optionale Features unterhalb des Eltern-Features aufgeführt.

XOR-Gruppen: Eine XOR-Gruppe f mit den Sub-Features $f_1,\cdots,f_k$ wird mit einer Menge sich gegenseitig ausschließender Features $f \rightarrow \overline{f}$ für alle Kombinationen der Sub-Features auf Basis der zuvor erzeugten OR-Gruppe erstellt.

Weitere Entwicklungen dieses Ansatzes dienen u. a. zur Detektion von Soft-Constraints (vgl. [CZAR08]).

4.4 Modellbasiertes Systems-Engineering

Model-based Systems and Software Engineering

Laut einer Definition des International Council on Systems Engineering (INCOSE) ist Systems Engineering "[...] an interdisciplinary approach and means to enable the realization of successful systems. It focuses on defining customer needs and required functionality early in the development cycle, documenting requirements, then proceeding with design synthesis and system validation [...]. Systems Engineering integrates all the disciplines and specialty groups into a team effort forming a structured development process that proceeds from concept to production to operation. Systems Engineering considers both the business and the technical needs of all customers with the goal of providing a quality product that meets the user needs." [INCO12]

Systems Engineering zielt vor allem darauf ab, Schwächen und Fehler im Systementwurf zu vermeiden bzw. möglichst früh aufzudecken. Während im konventionellen Entwicklungsprozess die Testphase erst nach der Implementierung einzelner Komponenten beginnt, werden beim modellbasierten Systems Engineering (engl.: Model-based Systems Engineering, MBSE) gezielt Modelle eingesetzt, die eine frühzeitige Bewertung bereits während der Entwurfsphase ermöglichen. Wesentlicher Vorteil dieser auch als Frontloading bezeichneten Verschiebung der Zeitanteile an den Entwicklungsphasen liegen im hohen Kosteneinsparpotenzial begründet (vgl. [KIRS11]), da sich die zeitliche Diskrepanz zwischen Fehlerentstehung und -entdeckung überproportional auf die Fehlerbeseitigungskosten auswirkt.

Eine robuste Modellierungssprache zählt somit zu den kritischen Voraussetzungen für das MBSE. Die Systems Modeling Language (OMG SysML) ist eine sogenannte general-purpose[22] Modellierungssprache zur Unterstützung von Spezifikation, Design, Analyse und Verifikation von Systemen und basiert auf UML2. Diese Systeme können Hardware, Software, Daten, Personal, Prozeduren und Fertigungseinrichtungen beinhalten. SysML ist eine grafische Sprachen mit Semantik zur Repräsentation von Anforderungen, Verhalten, Struktur und Eigenschaften beliebiger Systems und deren Komponenten. [FRIE08]

Neben SysML werden auch Matlab/Simulink und Modelica in Prozessketten für das Systems-Engineering genutzt.

Aus der Entwicklungshistorie der SysML wird deutlich, dass die Disziplinen *Systems Engineering* und *Software Engineering* eng miteinander verzahnt sind. Die Motivation, bereits in der Entwurfsphase eine Validierung zentraler Anforderungen zu ermöglichen, setzt eine hinreichend genaue Beschreibung des dynamischen Verhaltens von System und Steuerung voraus (vgl. [BREC13]). Diese wird in SysML beispielsweise durch Zustandsautomaten, Aktivitätsdiagramme und Sequenzdiagramme realisiert. Vor diesem Hintergrund ist es naheliegend, dass eine Weiternutzung der Entwicklungsartefakte aus dem Systementwurf in nachfolgenden Phasen angestrebt wird. Modelltransformation im Sinne der OMG Model Driven Architecture (MDA) bieten hierfür eine technologische Basis.

Systems Engineering für Produktfamilien

Die ursprüngliche Anwendungsgebiete des Systems Engineering (und somit auch der SysML) liegen in der Entwicklung komplexer Einzelsysteme (Luft- und Raumfahrt, Militär etc.). Aufgrund der zunehmenden Verbreitung des Baukasten- und Produktfamilienansatzes wurde der Bedarf zur Weiterentwicklung von SysML im Hinblick auf die Modellierung variantenreicher Strukturen erkannt (vgl. [WEIL09]). Eine der großen Herausforderungen im Umgang mit Varianten bildet jedoch die Modellierung tiefverschachtelter Strukturen, die mit der heutigen Ausführung von UML und SysML nicht hinreichend unterstützt wird (vgl. [BREC11a, S.242]).

---

[22] Zu den general-purpose modeling languages (GPML) zählen Sprachen, die nicht auf einzelne Domänen (z.B. Kraftfahrzeugelektronik) spezialisiert sind. Beispiele für GPML sind UML und SysML. Eine auf die Anwendungsdomäne zugeschnittene Sprache wird dagegen als Domain-specific Language (DSL) bezeichnet. Basis einer DSL kann eine GPML sein, die beispielsweise über Erweiterungsmechanismen angepasst wird.

4.5 Zusammenfassung

Resume

Die gezielte Differenzierung von Produkten und Dienstleistungen ist eine Voraussetzung für den nachhaltigen Erfolg von Unternehmen in Hochlohnländern. Direkt verbunden mit dieser Aufgabe ist die Frage nach Möglichkeiten zur Darstellung von Varianten in einer menschen- und maschinenlesbaren Form. Feature-Modelle bilden hierzu einen vielversprechenden Ansatz, jedoch existiert heute noch keine formale Spezifikation einer Variantensprache.

Die Unterscheidung zwischen applikationsintegrativen und datenintegrativen Konfiguratoren ist insbesondere bei heterogenen CAx Systemen entscheidend. Hier stellt sich die Frage nach dem Zusammenspiel der proprietären Konfiguratoren mit übergreifenden Systemen.

Im Bereich des Modellbasierten Systems Engineerings gibt es heute bereits Möglichkeiten zur Darstellung von Varianten. Das wesentliche Ziel im Systems Engineerings ist die frühzeitige Absicherung. Daher ist es naheliegend, die erforderlichen Modelle auch im Konfigurationsumfeld zu nutzen. Somit bietet das Systems Engineering auch Potenziale für die (teil-)automatische Komponentenauswahl oder Wissensakquise.

5 Rahmenkonzept für das Management variantenreicher, heterogener CAx Daten

Framework Concept for the Management of Variant across Heterogeneous CAx Data

In diesem Kapitel wird ein Rahmenkonzept hergeleitet, welches den Kontext für den zu entwickelnden Konfigurationskonzept bildet. Kapitel 5.1 gibt eine Übersicht von Teilsystemen in der Entwicklung im Sinne des Systems Engineerings. Kapitel 5.2 stellt die grundlegenden Umsetzungsmöglichkeiten gegenüber. In Kapitel 5.3 werden grundlegende auftragsneutrale und auftragsspezifische Prozesse definiert und Teilprozesse fokussiert.

5.1 Übersicht der verketteten Systeme in der Entwicklung

Overview of Interconnected Systems During Development

Abbildung 5.1 zeigt eine Auswahl verketteter Teilmodelle in der Entwicklung. Die Verkettung folgt dem Ansatz des modellbasierten Systems Engineerings, welches auf eine frühzeitige Validierung der Entwicklungsergebnisse abzielt (vgl. Kapitel 4.4).

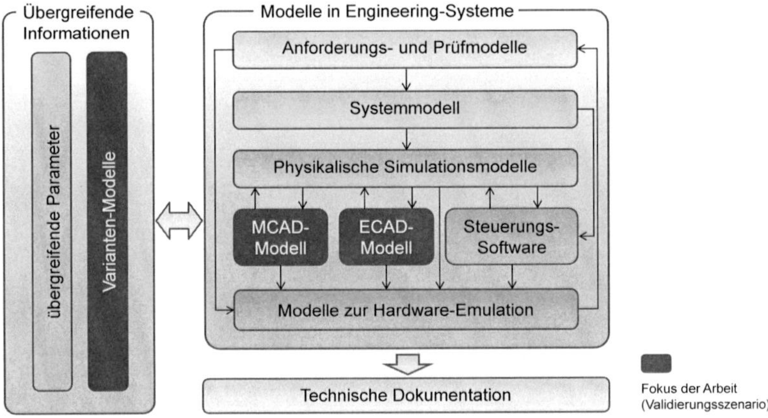

Abbildung 5.1: Disziplinspezifische Modelle und übergreifende Informationen

Discipline specific models and cross-cutting information

Da die zugrundeliegenden IT-Systeme üblicherweise von unterschiedlichen Herstellern stammen, sind Kommunikationsschnittstellen erforderlich, die einen Zugriff auf die übergreifenden Informationen ermöglichen (Abbildung 5.1, links). Diese lassen sich in *übergreifende Parameter* und *Variantenmodelle* gliedern. Erstere sind erforderlich, um die Durchgängigkeit und Konsistenz der Informationen zu ermöglichen (vgl. Kapitel 2.2.1, Abbildung 2.7). Letztere sind erforderlich, um die übergreifende, synchronisierte Konfiguration von Varianten auf Basis von Produktfamilien-Modellen sicherzustellen. Hierbei liegt die Annahme zugrunde, dass die Systeme über datenintegrative Konfiguratoren bzw. eine formale Variantenrepräsentation verfügen.

Für die eingesetzten Teilmodelle im Engineering wird die in Abbildung 5.1, rechts, dargestellte Struktur vorgeschlagen: Auf oberster Ebene kommen Anforderungs- und Prüfmodelle zum Einsatz. Die nächste Ebene bildet ein Systemmodell, das Anforderungen, Funktionsstruktur und physische Struktur miteinander verknüpft. Das Systemmodell muss eine frühzeitige Validierung ermöglichen und das Herunterbrechen von Anforderungen auf Komponentenebene unterstützen. Im Rahmen der weiteren Detaillierung können Simulationsmodelle des zu entwickelnden Systems eingesetzt werden. Diese werden beispielsweise genutzt, um für die virtuelle Inbetriebnahme das zeitliche Verhalten zwischen Aktor- und Sensorsignalen nachzubilden. Je nach gefordertem Detaillierungsgrad lassen sich hierbei Daten aus dem MCAD und dem ECAD berücksichtigen. Auch eine direkte Weiternutzung des Systemmodells als Verhaltensmodell ist naheliegend. Um die Steuerungs-Software im Zielsystem testen zu können, ist der Einsatz von Modellen zur Hardware-Simulation sinnvoll, da sie gegenüber Hardware-in-the-Loop-Verfahren prinzipiell die Voraussetzung für einen höheren Automatisierungsgrad beim Testen von Produktfamilien bieten.

5.2 Umsetzungsmöglichkeiten und Konzeptauswahl

Die Kopplung übergreifender Parameter für Variantenmodelle steht im Fokus dieser Arbeit und wird im Folgenden detaillierter betrachtet.

Um die Prozessfolge Standardkonfiguration (CTO) und Anpassungsentwicklung (ETO) effizient zu gestalten, ist eine Abbildung des Konfigurationsraumes der vom Kunden wählbaren Merkmale (externe Varianz) auf den Konfigurationsraum der Artefakte innerhalb der CAx Systeme erforderlich. Letztere repräsentieren die interne Varianz. Die Abbildung der Konfigurationsräume ist notwendig, um zu Beginn der ETO-Phase auf vorkonfigurierte konsistente CAx Projektdaten zurückgreifen zu können. Abbildung 5.2 zeigt schematisch das Zusammenwirken der Konfigurationsräume von interner und externer Varianz. Hierbei wird eine Variante nach ROSENBERG als Vektor der Merkmalsausprägungen interpretiert (vgl. [ROSE96]). *X* repräsentiert exemplarisch einen gültigen Arbeitspunkt, der sich als Ergebnis der CTO-Phase einstellt. Die Anpassungsentwicklung wird durch Übergang von *X* nach *X'* veranschaulicht. Während der Anpassung erhöht sich das Risiko für inkonsistente Daten, daher sind wie oben beschrieben, Mechanismen zur Kopplung übergreifender Parameter erforderlich.

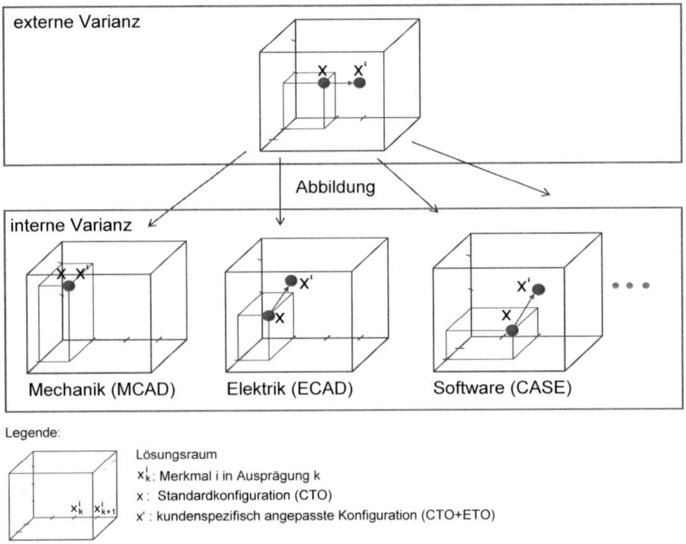

Abbildung 5.2: Konfiguration und nachgeschaltete Anpassung [BREC11a, S.239]

Configuration and subsequent adaptation [BREC11a, p.239]

Die Verknüpfung von Variantenmodellen zur Unterstützung der CTO-Phase bildet den Schwerpunkt dieser Arbeit und wird im Folgenden anhand von Abbildung 5.3 detailliert vorgestellt.

Ansatz 1 stellt ein konventionelles Verfahren zur disziplinübergreifenden Konfiguration unter Nutzung datenintegrativer Konfiguratoren dar. Hierbei wird ein Merkmalsmodell der externen Varianz zentral aufgebaut und an die CAx Werkzeuge der Einzeldisziplinen übertragen. Die Projektdaten der Produktfamilie innerhalb des CAx Werkzeugs werden über Konfigurationsfunktionen angesteuert, so dass sich einzelne Varianten anwählen und darstellen lassen. Aufbau und Wirkungsweise der Steuerelemente zum Umschalten der Varianten können je nach Hersteller variieren. Die Merkmale der externen Varianz werden entweder den Konfigurationselementen oder direkt den zu konfigurierenden Komponenten einer Maximallösung zugeordnet. Vorteil dieses Verfahrens ist die geringere systemtechnische Komplexität und die leichte Nachvollziehbarkeit durch den Anwender. Nachteile können durch die erhöhte Reglementierung (beispielsweise in Form von Namenskonventionen für Konfigurationsbezeichnungen) entstehen. Aufgrund der erforderlichen Standardisierung und Dokumentation von Merkmalsmodellen und Konfigurationsbezeichnungen kann sich zudem ein hoher Initialaufwand ergeben. Zudem werden individuelle Schnittstellen benötigt, die Pflegeaufwand erfordern und einen Wechsel von Werkzeugen erschweren.

Ansatz 2 stellt ein alternatives Verfahren dar. Der Aufbau der Projektdaten erfolgt ebenfalls unter Nutzung der proprietären datenintegrativen Konfiguratoren. Wesentlicher Unterschied ist jedoch, dass die Merkmale der externen Varianz nicht direkt mit den Steuerelementen der Konfiguratoren oder mit Elementen im CAx Projekt verknüpft werden, sondern dass die Verknüpfung mit Elementen eines automatisch extrahierten Merkmalsmodells erfolgt. Dieses entspricht der disziplinspezifischen hierarchischen Struktur der Produktfamilie, angereichert um variantenbeschreibende Elemente (verpflichtend, optional, alternativ etc.). Die Darstellung der Elemente im extrahierten Merkmalsmodell kann über charakteristische Komponenteneigenschaften wie Name, ID, Typ oder sonstige vorhandene Informationen aus dem Modell erfolgen.

	Ansatz 1 (konventionell)	Ansatz 2 (alternativ)
Schema	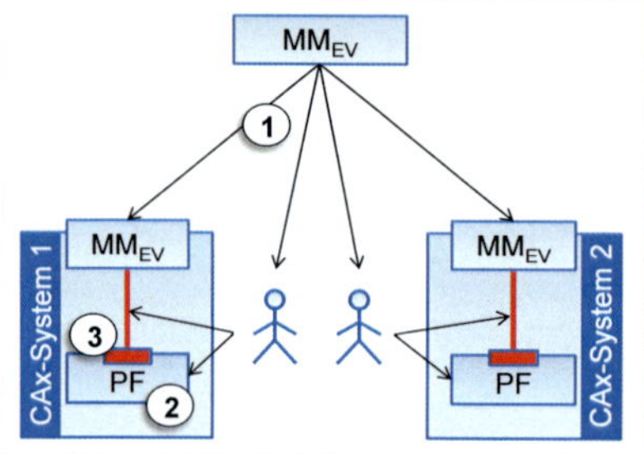	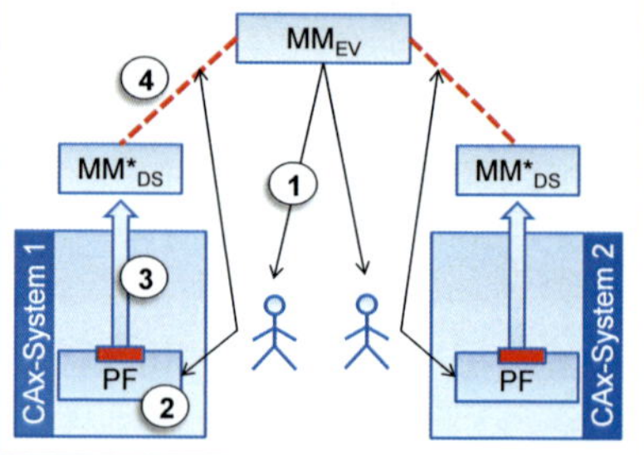
Beschreibung	1) Modell der externen Varianz bereitstellen und an CAx-Systeme übertragen 2) Produktfamilie im CAx-System unter Nutzung datenintegrativer Konfiguratoren aufbauen 3) Komponenten bzw. Konfigurationen mit importierten Merkmalsmodell verknüpfen	1) Modell der externen Varianz bereitstellen 2) Produktfamilie im CAx-System unter Nutzung datenintegrativer Konfiguratoren aufbauen 3) Einheitliche Komponenten-orientierte Merkmalsmodelle automatisch extrahieren 4) Komponenten im extrahierten Merkmalsmodell mit Merkmalen der externen Varianz verknüpfen
Vorteile	- Geringerer systemtechnischer Aufwand - Einfaches, nachvollziehbares Konzept	- Hohe Flexibilität in der Nutzung proprietärer Konfiguratoren - Keine Restriktionen bzgl. Nomenklatur - Visualisierung der internen Varianz (Komponenten) durch Merkmalsmodelle - Höhere Robustheit gegenüber Änderungen
Nachteile	- Hoher Initialaufwand zur Standardisierung von Merkmalsmodellen und Prozessen - Erhöhter Pflegeaufwand für werkzeugspezifische Schnittstellen	- Zusätzlicher Schritt für das Mapping der Modelle von externer und interner Varianz

Legende:
- Abbildung interne/externe Varianz (Verknüpfung von Merkmalen der externen Varianz mit Komponenten bzw. Konfigurationen)
- Schnittstelle zu datenintegrativem Konfigurator
- PF: Produktfamilie
- Abbildung interne/externe Varianz (Anbindung ext. Merkmale an Komponenten innerhalb extrahierter Merkmalsmodelle)
- MM: Merkmalsmodell
- MM*: extrahiertes Merkmalsmodell der internen Varianz
- EV: externe Varianz DS: disziplinspezifisch

Abbildung 5.3: Vergleich von Ansätzen zur Kopplung von Merkmalen und Artefakten

Comparison of concepts for the coupling of features and artifacts

Vorteil des Ansatzes ist die hohe Flexibilität im Einsatz der proprietären Konfiguratoren. Hinsichtlich der Benennung von Konfigurationen sind keinerlei Konventionen erforderlich. Weiterhin kann die einheitliche Darstellung der internen Varianz den

Entwickler beim Aufbau von Produktfamilienmodellen unterstützen und die Kommunikation zwischen den Fachbereichen verbessern. Durch die Anwendung von Metriken bzw. Operationen für Feature-Modelle (vgl. Kapitel 4.3.4) bietet sich zudem die Möglichkeit, eine zielorientierte Baukastensteuerung zu realisieren, bei der beispielsweise der aktuelle Kommunalitätsgrad elektrischer oder mechanischer Komponenten ausgewertet wird. Nachteile des alternativen Ansatzes liegen im zusätzlichen Schritt für das Mapping von externer und interner Varianz. Der Aufwand hierfür ist jedoch vergleichsweise gering, da die zu verknüpfenden Strukturen bereits Konfigurationswissen enthalten.

Die Extraktion von Merkmalsmodellen schließt sich mit Ansatz 1 nicht aus. Eine Mischform beider Ansätze kann beispielsweise in einer zusätzlichen Visualisierung und Auswertung von Merkmalsmodellen bestehen.

Während Ansatz 1 bereits heute zum Stand der Technik zählt, ist Ansatz 2 aufgrund der fehlenden Technologien zur Merkmalsmodellextraktion für CAx Systeme des Maschinenbaus noch nicht untersucht worden. Ansatz 2 steht daher im Fokus dieser Arbeit. Die Extraktion von Variantenmodellen basiert auf dem Konzept einer einheitlichen Darstellung der Variantenstruktur für jedes am Entwicklungsprozess beteiligte Autorensystem (vgl. [GROS07], [BACH09], [BREC12]).

5.3 Prozesse für Produktfamilienaufbau und -konfiguration

Processes for the Creation and Configuration of Product Families

Im Folgenden werden basierend auf dem im vorherigen Kapitel beschriebenen Ansatz die grundlegenden Prozesse für den Aufbau und die Konfiguration von Produktfamilien vorgestellt. Hierbei wird zwischen auftragsneutralen und -spezifischen Prozessen unterschieden.

5.3.1 Auftragsneutrale Prozesse

Der auftragsneutrale Prozess hat zum Ziel, auf Basis einer Baukastenstruktur eine konfigurierbare Produktfamilie zu implementieren, deren Projektdaten zur Inbetriebnahme, Dokumentation und kundenspezifischen Anpassung weiterverarbeitet werden. Wie in Abbildung 5.4 dargestellt, beginnt der Aufbau der Produktfamilie mit der Modellierung der externen Varianz als Merkmalsmodell. Dieser Schritt liegt üblicherweise im Verantwortungsbereich des Vertriebs bzw. des Marketings. Das Merkmalsmodell der externen Varianz kann als formalisiertes Dokument für die interne Beauftragung der Entwicklung aufgefasst werden. Das Merkmalsmodell der externen Varianz bildet somit die Grundlage für die Erstellung des konfigurierbaren Anforderungsmodells sowie des Systementwurf bzw. der Architektur. Dieser Schritt erfolgt im interdisziplinären Team.

Das variantenreiche Systemmodell wird durch die Software-Entwicklung direkt weitergenutzt und greift die Prinzipien des Software Produktlinien Ansatzes auf (vgl. Kapitel 2.4.4 und 4.3.4). Systemmodell und Merkmalsmodell der externen Varianz stehen den Einzeldisziplinen als Eingangsinformation zur Verfügung. Die Ausarbeitung des Systementwurfs geschieht parallelisiert, wobei jede Disziplin die vorhandenen Möglichkeiten zur Variantenkonfiguration innerhalb der CAx Werkzeuge nutzt. Durch *automatische Extraktion* der disziplinspezifischen Merkmalsmodelle aus den proprietären Datenmodellen der CAx Werkzeuge (interne Varianz) können diese dem *Kopplungsprozess* zugeführt werden, der das Mapping zwischen interner und externer Varianz realisiert.

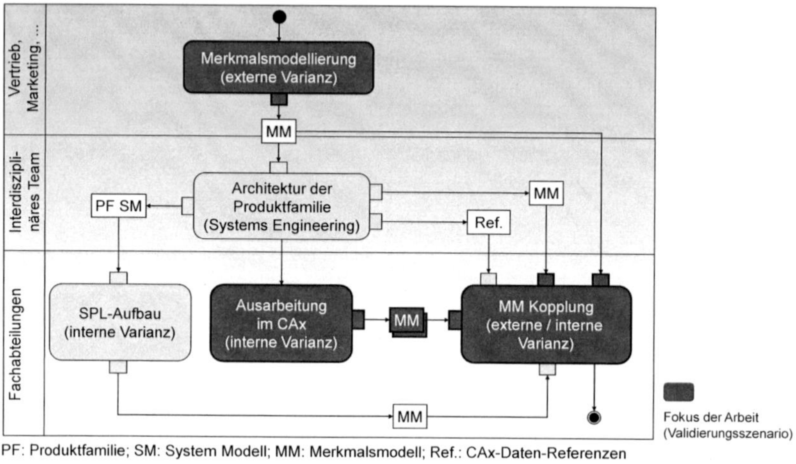

Abbildung 5.4: Auftragsneutraler Prozess zum Aufbau einer Produktfamilie [BREC12]

Order-independent process for creating a product family [BREC12]

5.3.2 Auftragsspezifische Prozesse

Der auftragsspezifische Prozess, der zu Testzwecken bereits in der auftragsneutralen Phase durchlaufen wird, ist in Abbildung 5.5 dargestellt. Die Auswahl einer Variante erfolgt durch Interaktion von Kunde und Vertrieb auf Basis des vordefinierten Merkmalsmodells. Zusätzliche Anforderungen, die individuell umzusetzen sind, werden als Spezifikation aufgenommen. Das Konfigurationsmodell der externen Varianz wird dem Kopplungselement zugeführt. Die im auftragsneutralen Prozess hergestellte Verknüpfung zwischen externer und interner Varianz wird hierbei genutzt, um die erforderliche Variante innerhalb der jeweiligen Disziplin zu ermitteln. Ergebnis sind Konfigurationsmodelle, welche die Produktstruktur der jeweils einzustellenden Variante beschreiben und an die entsprechenden Werkzeuge übergeben werden.

Zur Umsetzung der kundenindividuellen Spezifikation ist eine Anpassung der bestehenden Anforderungsmodelle und Systemmodelle der zugrundeliegenden Variante erforderlich. Die Funktionen zur Kopplung übergreifender Parameter (vgl. Kapitel 5.1, Abbildung 5.1) stellt die Datenkonsistenz im Anpassungsprozess sicher.

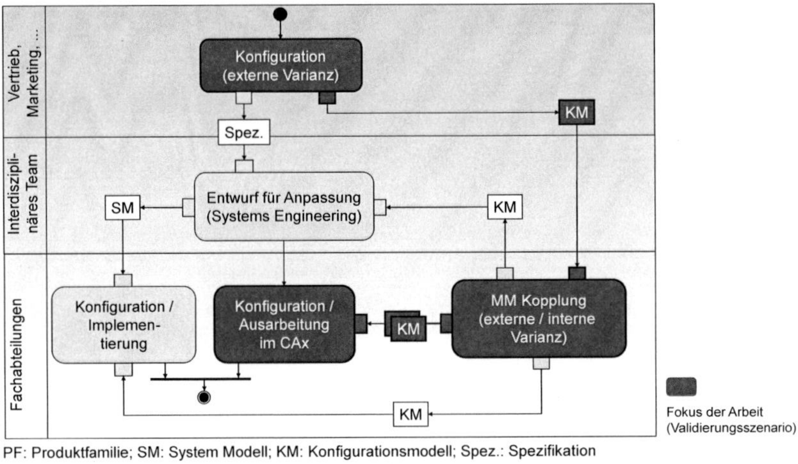

Abbildung 5.5: Auftragsspezifischer Prozess zur Konfiguration und Anpassung [BREC12]

Order-specific process for configuration and adaptation [BREC12]

5.3.3 Fokussierung der Teilbereiche Merkmalsextraktion, -kopplung und Konfiguration

Focusing on Feature Model Extraction, Coupling and Configuration

Im weiteren Verlauf der Arbeit erfolgt die Fokussierung auf einen elementaren Teilaspekt des Rahmenmodells. Dieser Aspekt betrachtet die in Abbildung 5.4 und Abbildung 5.5 hervorgehobenen Prozesse der Merkmalsmodellextraktion aus proprietären Datenmodellen, der Konfiguration auf Basis von Merkmalsmodellen und der Synchronisation von Konfigurationsmodellen durch Verknüpfung von Merkmalsmodellen der internen und externen Varianz. Diese Fokussierung ist hinreichend, um den Nachweis für die in Kapitel 3.1 definierten Hypothesen zu erbringen.

6 Entwicklung eines disziplinübergreifenden Konfigurationssystems

Development of an Interdisciplinary Configuration System

6.1 Anforderungen an das Konfigurationssystem

Requirements for the Configuration System

Als Hauptanforderung an das Konfigurationssystem gilt es, die in Kapitel 5.2 beschriebene Abbildung zwischen externer und interner Varianz möglichst effizient erstellen, ändern und nutzen zu können. Die Arbeit fokussiert hierbei auf die Abbildung des Konfigurationsraumes der externen Varianz auf den der internen Varianz für *vordefinierte* Varianten. Die grundlegenden Anforderungen A1 bis A3 lauten wie folgt.

A1: Die Abbildung zwischen interner und externer Varianz muss mit möglichst geringem Aufwand (idealerweise automatisiert) erzeugt werden.

Um eine möglichst hohe Flexibilität der Systemlandschaft zu gewährleisten, soll der Kopplungsmechanismus herstellerneutral erfolgen. Daraus ergibt sich die Anforderung, dass die Merkmalsmodelle in einheitlicher Form aus den proprietären Datenstrukturen der CAx Werkzeuge extrahiert bzw. synthetisiert werden müssen. Zudem sollen die Merkmalsmodelle dazu dienen, um dem Entwicklern den aktuellen Zustand der variantenreichen Produktstruktur zu visualisieren. Die formalisierte, herstellerneutrale Darstellung der Varianz soll weiterhin eine Grundlage für den Einsatz von Werkzeugen zur Bewertung der Variantenvielfalt mittels spezieller Algorithmen bieten (vgl. Kapitel 4.3.4).

A2: Die innerhalb der proprietären Datenstrukturen kodierte Varianz muss automatisiert in eine einheitliche menschen- und maschinenlesbare Form überführt werden.

Im Konfigurationsprozess lassen sich Merkmalsmodelle in vielfältiger Weise nutzen, um den Benutzer interaktiv zu unterstützen. Ziel ist die Konsistenzsicherung der Konfiguration durch automatisierte Auswertung der Merkmalsmodelle. Dies bedeutet beispielsweise, dass alternative Elemente gesperrt werden, sobald ein Element einer XOR-Gruppe[23] angewählt wurde.

A3: Die Erstellung konsistenter Konfigurationen muss sichergestellt werden.

Neben diesen Basisanforderungen lässt sich eine Vielzahl weiterer Anforderungen ableiten, die jedoch über das angestrebte Ziel des Nachweises der Forschungshypothesen hinausgehen. Beispiele hierfür sind:

- Aufnahme von Sonderanforderungen,
- Konfiguration für offene Baukästen (vgl. Kapitel 2.3) sowie
- einfache Erweiterbarkeit des Konfigurationssystems für zusätzliche Disziplinen.

---

[23] Eine XOR-Gruppe bezeichnet eine Menge sich gegenseitig ausschließender Merkmale.

6.2 Bewertung von Lösungsalternativen

Evaluation of Alternative Solutions

Die Bewertung alternativer Ausprägungen erfolgt am morphologischen Kasten basierend auf BLECKER ET. AL (vgl. [BLECK04]) und wird im Folgenden anhand von Abbildung 6.1 diskutiert.

Pfad 1 beschreibt Ausprägungen für die beiden Produktionsstrategien CTO und ETO. Pfad 2 adressiert ausschließlich ETO. Der Einsatz des fallbasierten Schließens in Pfad 2 ist dann sinnvoll, wenn ein Fundus bestehender Projekte existiert, die aufgrund eines geringen Marktpotenzials nicht in das Standardprogramm aufgenommen wurden. Durch Ähnlichkeitsanalyse lassen sich derartige vorhandene Lösungen für die kundenspezifische Auftragsabwicklung wiederverwenden. Voraussetzung ist, dass Anforderungen hinreichend strukturiert und nach Möglichkeit formal beschrieben und mit Lösungen verknüpft werden, um eine rechnergestützte vergleichende Auswertung zu ermöglichen. Pfad 2 ist somit als Ergänzung zu Pfad 1 zu betrachten und steht nicht im Fokus der Arbeit.

Merkmal	Ausprägung					
Produktions-Strategie	ATO	CTO	ETO			
Wissensbasis	Regel-basiert	Modell-basiert: logikbasiert	Modell-basiert: Constraint-basiert	Modell-basiert: ressourcen-basiert	fallbasiert	
Organisation	zentral	dezentral				
Benutzerschnittstelle	textuell	tabellarisch	grafisch			
Anwendergruppe	Fachabteilung	Vertriebsinnendienst	Vertriebsaußendienst	Kunde		
Konsistenzprüfung	online	offline				
Einsatzbreite	spezialisiert	allgemeingültig				
Automatisierungsgrad	manuell	interaktiv	vollautomatisch			
Systemintegration	stand-alone	datenintegrativ	applikationsintegrativ			
Lösungssuche	Merkmale	Komponenten				
PLM Unterstützung	ohne Rekonfiguration	Trennung von Konfiguration und Rekonfiguration	integrierte Konfiguration und Rekonfiguration			
Ausgangsgrößen	Spezifikation	Auftrag (Produktion)	Stückliste	Steuerungsparameter	(Kunden-) Dokumentation	CAx-Quelldaten

Abbildung 6.1: Alternative Ausprägungen eines Konfigurationssystems

Alternative concepts for a configuration system

Der Einsatz einer modellbasierten Wissensbasis in Pfad 2 ist Voraussetzung, um eine möglichst aufwandsarme Pflege und Weiterentwicklung des Konfigurationswissens sicherzustellen (vgl. Kapitel 4.3.2). Formale Feature-Modelle bieten die Möglichkeit, die Semantik der Sprache in Form generischer Regeln zu definieren. Beispielsweise lässt sich eine Requires-Beziehung von einem Element A zu einem Element B nutzen, um bei Auswahl von A auch B automatisch anzuwählen. Die Regel wird somit lediglich auf Ebene der Meta-Elemente einmalig und allgemeingültig beschrieben und lässt sich auf alle Instanzen anwenden, die über Requires-Beziehungen miteinander in Beziehung stehen.

Die *Organisation* der disziplinübergreifenden Konfiguration weist sowohl zentrale als auch dezentrale Strukturen auf (Abbildung 6.1, Punkt 1.1). Tendenziell wird angestrebt, das Konfigurationswissen dezentral bzw. verteilt aufzubauen, um eine hohe Reaktionsfähigkeit und Komplexitätsreduktion sicherzustellen. Zudem liegt das Expertenwissen innerhalb der Fachabteilungen vor. An zentraler Stelle muss mindestens die Formulierung der externen Varianz erfolgen, die für die Einzeldisziplinen eine übergreifende Vorgabe darstellt.

Die *Anwendergruppe* erstreckt sich von den Fachabteilungen bis zum Vertrieb. Während der CTO-Anteil vollständig durch den Vertrieb abgedeckt werden kann, ist für den ETO-Anteil das Expertenwissen der Fachabteilungen gefordert. Die Anwendung der Konfigurationssysteme durch den Endkunden ist für die angestrebten Einsatzszenarien nicht unmittelbar vorgesehen.

Bei der Wahl des *Automatisierungsgrades* muss zwischen den Phasen CTO und ETO unterschieden werden. Die Erstellung der Initialkonfiguration kann prinzipiell vollautomatisiert erfolgen, wobei die Identifikation der durch ETO betroffenen Komponenten interaktiv erfolgen kann. Eine Informationstechnische Basis für interaktive Prozesse können Anforderungsbeschreibungen, die mit Elementen des Produktmodells verknüpft sind, bieten (Abbildung 6.1, Punkt 1.2).

Bei der Wahl der Systemintegration muss sichergestellt werden, dass die volle Nutzung datenintegrativer Konfiguratoren innerhalb der CAx Systeme möglich ist. Gleichzeitig ist die Verknüpfung mit der übergreifenden Konfiguration (externe Varianz) sicherzustellen. Somit ergibt sich zwangsläufig die Aufteilung in daten- und applikationsintegrative Bestandteile, deren Zusammenspiel sich auf unterschiedliche Arten gestalten lässt (vgl. Kapitel 5.2).

Die *Lösungssuche* kann schwerpunktmäßig auf Merkmalsebene oder auf Komponentenebene erfolgen. Ausschlaggebend ist, wann die Abbildung der Merkmale auf die zu konfigurierenden Komponenten erfolgt. Im Extremfall werden keine Features für die Konfiguration definiert, sondern lediglich konkrete Komponenten einer Maximallösung zur Auswahl gestellt und über Konfigurationswissen verknüpft.

6.3 Struktur des Konfigurationssystems

Structure of the Configuration System

Die Struktur des Konfigurationssystems wird losgelöst von einer möglichen Umsetzung in PLM Systemen entwickelt und vorgestellt. Abbildung 6.2 zeigt die Grobstruktur des Konfigurationssystems, bestehend aus heterogenen CAx Applikationen, einem Enterprise Service Bus (ESB), einer optionalen Laufzeitumgebung für Prozesse bzw. Workflows sowie dem eigentlichen Konfigurator. Innerhalb der Einzelapplikationen kommen datenintegrative Konfiguratoren zum Einsatz, die von den jeweiligen

Fachabteilungen bedient werden. Durch Konfiguration lässt sich innerhalb des jeweiligen CAx Systems ausgehend vom Modell der Produktfamilie eine spezifische Variante bzw. ein (End-)Produkt konfigurieren. Die Applikationen verfügen über standardisierte Webservice-Schnittstellen, die vom ESB aus angesprochen werden. Der ESB selbst bietet einen zentralen Service zum Registrieren der Werkzeuge. Über Webservice-Aufrufe lassen sich die einzelnen Merkmalsmodelle aus den Werkzeugen abrufen. Hierzu ist eine Modell-zu-Modell-Transformation erforderlich, mit deren Hilfe die proprietären Datenstrukturen in einheitliche Merkmalsmodelle überführt und an das Konfigurationswerkzeug übersendet werden.

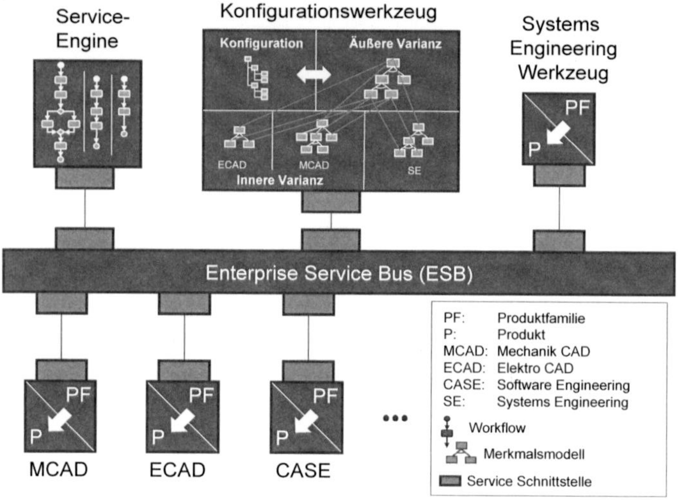

Abbildung 6.2: Aufbau des verteilten Konfigurationssystems [BREC11a, S.235]

Structure of the distributed configuration system [BREC11a, p.235]

Im Konfigurationswerkzeug existiert für jede Disziplin ein entsprechendes Modul, welches die Varianz der betrachteten Produktfamilie in Form des generierten Merkmalsmodells darstellt. Das Konfigurationswerkzeug ermöglicht weiterhin die Verknüpfung von interner und externer Varianz, die Konfiguration auf Ebene der Einzeldisziplinen sowie die synchronisierte Konfiguration auf Ebene der externen Varianz. Die vollständig konfigurierten Merkmalsmodelle werden via ESB zurück an die jeweiligen CAx Werkzeuge übertragen und dort in die proprietären Datenstrukturen durch Rückwärtstransformation umgesetzt. Ergebnis ist die parallele Aktivierung der Werkzeug-internen Konfiguratoren, um die gewünschten Variante darzustellen.

6.4 Arbeitsweise des Konfigurationssystems

Procedures of the Configuration Systems

In diesem Abschnitt werden die Prozesse zum Einrichten und zur Anwendung des Konfigurationswerkzeugs erläutert. Der Prozess des Einrichtens orientiert sich an der vorliegenden prototypischen Implementierung. D. h. er zeigt die erforderlichen Schritte, um ein CAx Werkzeug mit datenintegrativem Konfigurator in das bestehende System anzubinden (Kapitel 6.4.1). Die Verfahren, die als Grundlage zur Umsetzung der Schritte dienen, werden in den Kapitel 6.5 - 6.10 sowie 7.1.3 beschrieben.

6.4.1 Anbindung von CAx Applikationen

Connection of CAx Applications

Das Einrichten des Konfigurationssystems für eine CAx Applikation erfordert *einmalig* folgende Schritte: (vgl. [BREC12])

(1) *Modellieren der variantenreichen Datenstrukturen des zu integrierenden CAx Systems:* Ergebnis ist das Metamodell, welches die Konzepte der Domäne unter Berücksichtigung des eingesetzten CAx Systems abbildet. (s. Kapitel 6.5)

(2) *Implementierung der CAx Webservice-Methoden:* Ergebnis sind API-Aufrufe, die standardisierte Anfragen an das dezentrale CAx System im Batch-Betrieb abarbeiten. Die Webservices Kapseln somit den Zugriff auf das proprietäre Datenmodell des jeweiligen CAx Systems durch eine einheitliche Service-Schnittstelle. (vgl. Kapitel 7.1.3)

(3) *Erstellung des Merkmalsmodells der internen Varianz:* Ergebnis ist das CAx spezifische Merkmalsmetamodell auf Basis eines standardisierten Templates. (s. Kapitel 6.6)

(4) *Definition der Vorwärtstransformation:* Ergebnis ist ein Transformationsskript, welches die Umwandlung von Modellen der CAx Datenstruktur in Modelle des Merkmalsmodells beschreibt. (s. Kapitel 6.7)

(5) *Definition der Rückwärtstransformation:* Ergebnis ist ein Transformationsskript, welches die Umwandlung von Konfigurationsmodellen auf Basis des Merkmalsmodells in Befehlssequenzen zur Ansteuerung des CAx spezifischen dezentralen Konfigurators beschreibt. (s. Kapitel 6.10)

6.4.2 Nutzung des Konfigurationssystems

Application of the Configuration System

Die Nutzungsphase des Konfigurationssystems lässt sich in auftragsneutrale und auftragsspezifische Prozesse unterteilen. Diese werden im Folgenden beschrieben.

Auftragsneutrale Prozesse

Zu den auftragsneutralen Prozessen gehören

- die zentrale Erstellung des Merkmalsmodells der externen Varianz,
- die dezentrale Umsetzung der Merkmale durch die Fachabteilungen,
- die inkrementelle Konfiguration auf Basis der extrahierten Merkmalsmodelle,
- die Verknüpfung der Merkmalsmodelle von interner und externer Varianz sowie

- der Test der synchronisierten Konfiguration.

Die auftragsneutralen Prozesse dienen somit dem Aufbau eines geschlossenen Baukastens. Es besteht jedoch auch die Möglichkeit, definierte Freiräume mit Hilfe von Dummy-Objekten als Platzhalter in die Projektstrukturen zu integrieren.

Auftragsspezifische Prozesse

Zu den auftragsspezifischen Prozessen gehören

- die Konfiguration auf Basis des Merkmalsmodells der externen Varianz unter Nutzung eines automatisch generierten Konfigurationsbaums (s. Kapitel 6.9 und 6.10) sowie
- die Spezifikation der Individualisierung.

Letzteres ist nicht Gegenstand dieser Arbeit. Die erforderlichen Schritte zur Umsetzung sind jedoch mit dem vorliegenden Konzept kompatibel.

6.5 Domänenmodelle zur Variantenbeschreibung

Domain Models for the Description of Variants

Zur Initialisierung des Konfigurationssystems (bzw. zum Nachweis der ersten Forschungshypothese) ist es erforderlich, die variantenbeschreibenden proprietären Datenstrukturen der einzelnen Disziplinen in Form eines Metamodells abzubilden. Diese Domänenmodelle bilden den Start einer unidirektionalen Modell-zu-Modell-Transformation in ein standardisiertes Merkmalsmodell. Als exemplarische Domänen werden die Elektrokonstruktion (ECAD) am Beispiel EPLAN Electric P8 / Fluid sowie die mechanische Konstruktion (MCAD) am Beispiel Solidworks betrachtet. Beide Systeme verfügen als Grundvoraussetzung über einen datenintegrativen Konfigurator. Für diese Form der Konfiguratoren existiert kein Standard, daher erfolgt die Darstellung der Ansätze exemplarisch anhand der beiden ausgewählten Werkzeuge. Die Übertragbarkeit des Ansatzes ist jedoch sichergestellt, sofern ein zu integrierendes Werkzeug über einen datenintegrativen Konfigurator verfügt und Zugriff auf das Datenmodell bietet.

Im Folgenden werden die Metamodell der Domänen MCAD und ECAD für die exemplarischen Werkzeuge hergeleitet. Ziel dieser Modelle ist es, die innerhalb der Werkzeuge durch die datenintegrativen Konfiguratoren repräsentierten Informationen so abzubilden, dass eine Transformation in und von Merkmalsmodellen möglich ist. Somit stellen die Domänenmodelle lediglich einen Ausschnitt der in den CAx Systemen enthaltenen Informationen dar.

6.5.1 Mechanische Konstruktion / MCAD

Mechanical Construction / MCAD

Grundlegende Konzepte der mechanischen Konstruktion sind *Teile* (engl.: Part) und *Baugruppen* (engl.: Assembly). Eine Baugruppe kann *Unterbaugruppen* (engl.: Subassembly) und *Teile* enthalten. Teile und Baugruppen können mehrfach verbaut werden, so dass sich Analogien zum Klassen- und Instanzen-Konzept ergeben.

Eine wichtige Eigenschaft des datenintegrativen Konfigurators in SolidWorks ist die Möglichkeit, sogenannte *Konfigurationen* zu erzeugen. Konfigurationen werden in Komponenten gespeichert (d. h. in der jeweils obersten Baugruppe des aktiven Projekts). Jede Variante der Baugruppe wird durch eine Konfiguration repräsentiert. Die nicht zur Konfiguration gehörenden Komponenten werden im Feature-Baum unterdrückt. Somit erscheinen auf dem Bildschirm ausschließlich die zur aktiven Konfiguration zugeordneten Komponenten. Wird die oberste Baugruppe in anderen Baugruppen als Instanz verwendet, erlaubt SolidWorks die individuelle Auswahl der Konfiguration für die jeweiligen Instanzen. Somit lassen sich parametrierbare Baugruppen erstellen und mehrfach in unterschiedlichen Ausprägungen wiederverwenden. Die Information über die jeweils aktivierte Konfiguration muss somit auf Instanzebene gespeichert werden. Im SolidWorks Konfigurator ist es möglich, diese instanzspezifischen Konfiguration an die Konfiguration der übergeordneten Baugruppe zu koppeln. Somit lassen sich für eine Baugruppenkonfiguration zwei wesentliche Einsatzmöglichkeiten identifizieren:

1) Aktivierung / Deaktivierung von Komponenten auf unterlagerter Ebene sowie

2) Spezifikation der in den aktiven Komponenten verwendeten Konfiguration.

Ein Produkt bzw. eine Baugruppe mit derartigen Konfigurationen lässt sich wiederum in ein übergeordnetes System verbauen. Auf übergeordneter Ebene lassen sich die zuvor definierten Konfigurationen nach der oben beschriebenen Methode auswählen.

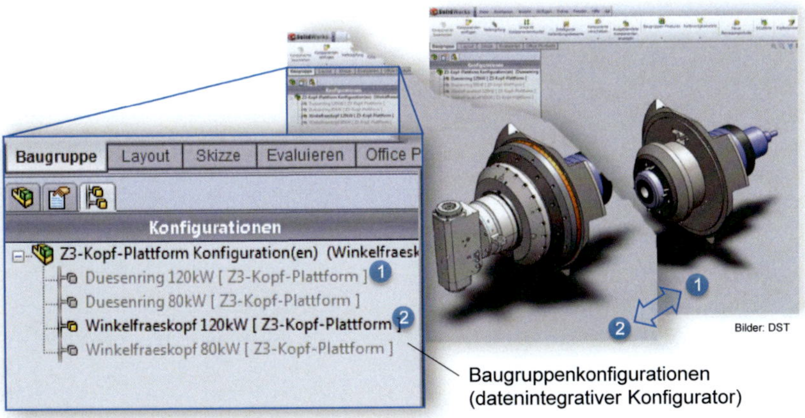

Abbildung 6.3: Benutzerschnittstelle für Konfigurator in SolidWorks

User interface for MCAD configurator in SolidWorks

Abbildung 6.3 zeigt die Arbeitsweise des Konfigurators in SolidWorks. Das Beispiel verdeutlicht den Effekt im Arbeitsbereich, der aus einer Änderung der Konfiguration durch den Benutzer resultiert. Auf Ebene der Baugruppe Z3-Plattform lassen sich im vereinfachten Beispiel vier Konfigurationen erkennen, mit deren Hilfe sich der Winkelfräskopf mit Torque-Motor oder alternativ der Düsenring aktivieren lassen. Weiterhin lassen sich zwei Spindeln mit unterschiedlicher Leistung einstellen.

Abbildung 6.4 zeigt das beschriebene Konzept am Beispiel von zwei Baugruppen (*BG1* und *BG2*) sowie vier Teilen (*T1,…,T4*). Die Baugruppen verfügen jeweils über zwei Konfigurationen, denen jeweils ausgewählte Unterkomponenten zugeordnet sind. *BG2* besteht aus drei Teilen, von denen *T3* nur der Konfiguration *C1.1* zugeordnet ist, während *T2* und *T4* in beiden Konfigurationen enthalten sind. Somit ergeben sich beim Umschalten der Konfigurationen die rechts dargestellten Ausprägungen. *BG2* wird in *BG1* zweifach verbaut. Die jeweilige Variante (bzw. die Konfiguration der Unterkomponente) wird auf Instanzebene spezifiziert und der aktuellen Konfiguration der Hauptebene zugeordnet. In *C1.1* von *BG1* wird beispielsweise *BG2* einmal mit der Konfiguration *C2.1* und einmal in Konfiguration *C2.2* verbaut.

Angewandt auf die Fallbeispiele entspricht *BG1* dem WERO und *BG2* der Positioniereinheit (vgl. Kapitel 3.3). Die Positioniereinheit wird im WERO als konfigurierbares Modul zweifach verbaut (*BG2-1* und *BG2-2*), wobei *BG2-2* optional ist. Auch beim WERO lassen sich für die beiden verbauten Instanzen der Positioniereinheit individuell Konfigurationen zuweisen (*WZW Standard*, *Pick up* oder *WZW WFK*). Die Festlegung, in welcher Konfiguration die jeweilige Baugruppe eingesetzt wird, lässt sich durch die Konfigurationen der übergeordneten Baugruppe steuern. Beim Beispiel WERO sind dies die Konfigurationen *Standard* und *WFK*.

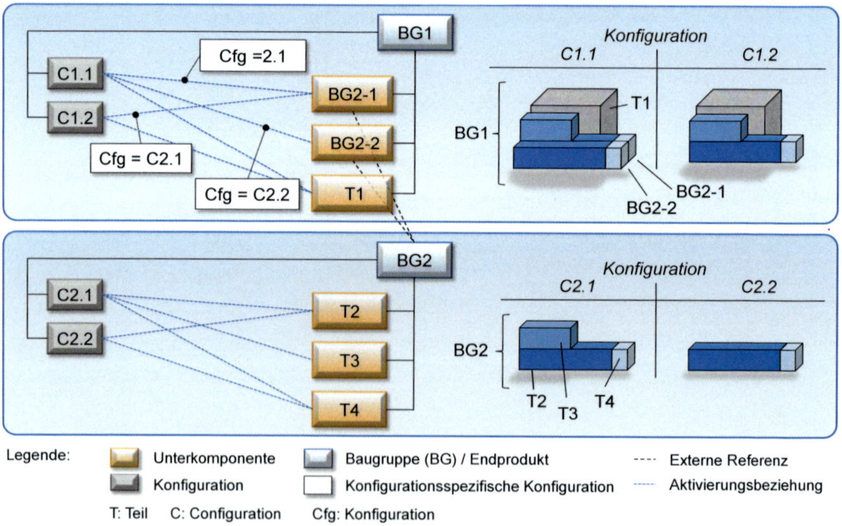

Abbildung 6.4: Funktionsweise der Konfiguration in SolidWorks (vereinfacht)

Principle of the Configuration within SolidWorks (simplified)

Das Verfahren des Konfigurators in SolidWorks lässt sich mit Hilfe des in Abbildung 6.5 dargestellten Metamodells vereinfacht beschreiben. Das Metamodell wurde auf Basis der obigen Analyse im Rahmen dieser Arbeit erstellt und dient als Ausgangspunkt für die anschließende Transformation in ein generisches Merkmalsmodell. Die Modellierung der proprietären Konfigurationskonzepte gehört zu den einmalig erforderlichen Prozesse für die Integration eines neuen CAx Werkzeugs in das übergreifenden Konfigurationssystem (vgl. Kapitel 6.4.1, Punkt 1).

Im Folgenden wird das Metamodell zur Beschreibung der Strukturen im SolidWorks-Konfigurator vorgestellt. Einstieg in das Modell bildet eine Baugruppe bzw. ein Endprodukt, für welches die variantenreiche Produktstruktur ausgelesen werden soll.

Der linke Teil des Modells (a) beschreibt den Grundaufbau der Hauptkomponente sowie aller referenzierten Komponenten. Alle Komponenten werden in einer Liste gespeichert (CmpList). Die abstrakte Klasse *Component* wird durch *Part* und *Assembly* konkretisiert. Letzteres enthält Unterkomponenten (*SubComponent*), die von Elementen der Komponentenliste typisiert werden. Eine Komponente kann weiterhin Konstruktions-Features enthalten, die in dieser Arbeit jedoch nicht weiter betrachtet werden. Komponenten besitzen wie oben beschrieben Konfigurationen. Jede *Configuration* verfügt über Referenzen auf *SubComponents*, wodurch zum Ausdruck kommt, dass diese in der zugrunde liegenden Konfiguration aktiv geschaltet werden.

Der rechte Teil des Modells (b) entspricht einer Instanz-Spezifikation und repräsentiert die tiefverschachtelte Variantenstruktur. Eine Wurzelkomponente (RootCmp) hat beispielsweise mehrere Wurzelkonfigurationen, von denen eine die aktive Konfiguration ist. Jeder Wurzelkonfiguration sind Unterkomponenten zugeordnet, die auf Elemente der Komponentenliste verweisen. Jede Unterkomponente verfügt über eine aktive Konfiguration (konfigurationsspezifische Konfiguration), der wiederum Unterkomponenten zugeordnet sind. Somit wird eine Baumstruktur aufgebaut, die die Variantenstruktur repräsentiert. Dieses Modell ermöglicht im Rücktransformationsschritt eine effiziente Suche der zu aktivierenden Hauptkonfigurationen und bildet die Voraussetzung für eine dynamische Erweiterung um neue Konfigurationen. Um eine derartige Erweiterung prinzipiell zu ermöglichen, wurden die Referenzen *intendedRootCfg* und *basedOn* vorgesehen. Mögliche Anwendungsfälle hierfür sind offene Baukästen, geschlossene Baukästen mit sehr großem Konfigurationsraum oder Vorbereitungen zur auftragsspezifischen Entwicklung durch optisches Hervorheben der zu ändernden Standardkomponenten.

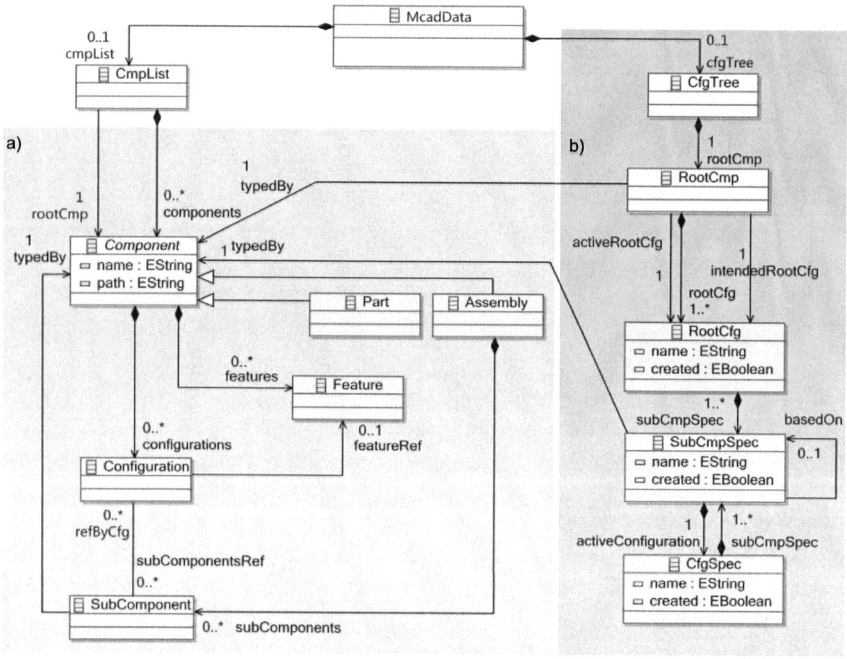

Abbildung 6.5: Domänenmodell zur Abbildung variantenreicher Strukturen im MCAD

Domain model for the representation of variant containing structures in MCAD

6.5.2 Elektrische Konstruktion / ECAD

Electrical Construction / ECAD

Abbildung 6.6 veranschaulicht die Arbeitsweise des datenintegrativen Konfigurators, der in EPLAN Electric P8 / Fluid über das Zusatzmodul Project Options zur Verfügung steht. Das Funktionsprinzip wird im Folgenden anhand des Fallbeispiels *Ecospeed F* vorgestellt (s. Kapitel 3.3).

Für Maschinen mit Winkelfräskopf (WFK) ist es erforderlich, dass die Luft zur Reinigung des Werkzeugkegels wahlweise an Spindel oder WFK geleitet wird, während bei der Standardvariante ohne einwechselbaren WFK keine variable Luftzufuhr benötigt wird. Aus fluidtechnischer Sicht kommt daher ein 3-3-Wegeventil anstelle eines 2-2-Wegeventils zum Einsatz. Aus elektrischer Sicht ergibt sich eine optionale Spule und ein optionaler SPS-Ausgang zur Ansteuerung der zusätzlichen Ventilstellung. Durch Betätigung des Konfigurators und Anwahl der sogenannten Optionen lassen sich die Projektdaten für die jeweilige Variante aktivieren.

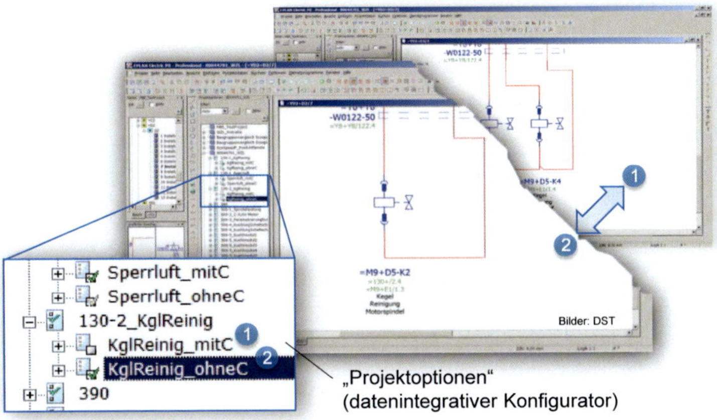

Abbildung 6.6: Konfigurator in EPLAN P8 (mit Add-On Project Options)

Configurator within EPLAN P8 (with Add-On Project Options)

Die Projektdaten und Werkzeuge der Elektrokonstruktion unterscheiden sich grundlegend von Werkzeugen der mechanischen Konstruktion. ECAD Projektdaten weisen netzartige Strukturen (vgl. [BEHR09]) und flache Hierarchien auf. Moderne ECAD Systeme sind heute objektorientiert aufgebaut, was eine gute Basis für Variantentechnologien darstellt [ROLL10, S.84].

Abbildung 6.7 zeigt eine Klassifikation von Schaltungsunterlagen bzw. Sichten, die in Projekten der Elektrokonstruktion benötigt werden. Während der Entwurfsphase und Ausarbeitungsphase ist die funktionale Sicht relevant. Die physische Sicht ist vor allem für die Fertigung und Montage entscheidend. In der Fluidik existiert eine derartige Trennung nicht.

Aus einem ECAD-Projekt werden diverse Informationen für die folgenden Arbeitsschritte automatisch generiert.

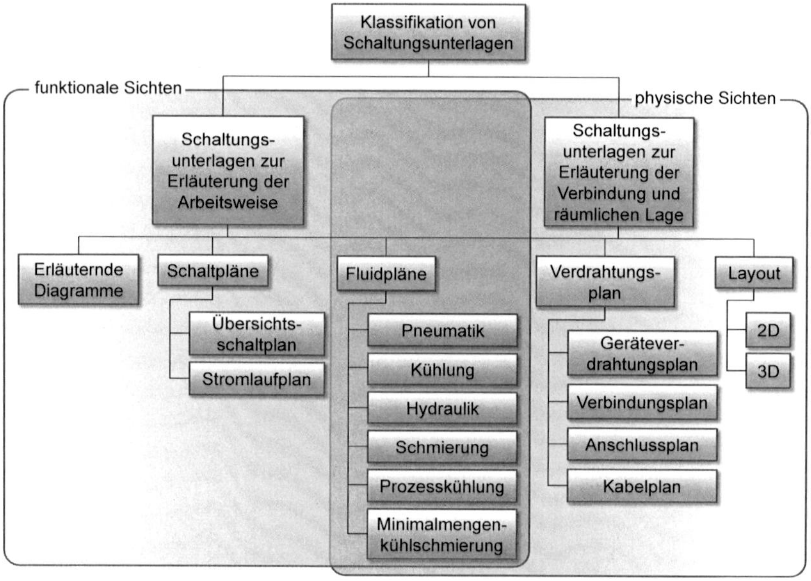

Abbildung 6.7: Schaltungsunterlagen der Elektrik und Fluidik (in Anlehnung an [ZICK09, S.81])

Documents within Electrics und Fluidics

Wie in Abbildung 6.8 dargestellt, lassen sich die ausgegebenen Informationen weiter klassifizieren. Da die beschriebenen Daten üblicherweise direkt aus dem Objektmodell generiert werden und datenintegrative Konfigurationen dort eingebettet sind, hat die Konfiguration der Projektdaten unmittelbar Einfluss auf die Ergebnisse der Generierungsschritte. Dies vereinfacht beispielsweise die Erzeugung der Hardware-Konfigurationsdaten und der Symboltabelle für verschiedene Varianten.

Abbildung 6.8: Automatisch generierte Daten aus der Elektrokonstruktion

Automatically Generated Data from Electrical Design

ECAD Projektdaten erfordern eindeutige, redundanzfreie Datenstrukturen. In der Norm DIN EN 61346 werden für diesen Zweck sogenannte Referenzkennzeichen (früher Betriebsmittelkennzeichen, BMK) verwendet [DIN61346]. Referenzkennzeichen haben in der Elektrokonstruktion eine große Relevanz, da sich mit ihrer Hilfe die Beziehungen zwischen den Komponenten in der Anlage und in den Planungsunterlagen herstellen lassen [ZICK09, S.93].

Nach DIN EN 61346 beinhalten Referenzkennzeichen unterschiedliche Sichten bzw. Aspekte einer Anlage [DIN61346]:

- den Funktionsaspekt (Klassifizierung nach Funktionen),
- den Ortsaspekt (Klassifizierung nach Einbauorten) sowie
- den Produktaspekt (Klassifizierung nach Produktgruppen).

Um die variantenbeschreibenden Merkmale im ECAD zu identifizieren, werden im Folgenden die charakteristischen informationstechnischen Elemente eines ECAD-Projektes erläutert.

Abbildung 6.9 zeigt grundlegende Elemente eines Stromlaufplans und dessen Bezug zum ECAD-Projekt.

Im Stromlaufplan nach DIN EN 61082-1 werden alle Schaltungselemente und Verbindungen einer Schaltung nach ihren Stromwegen aufgelöst dargestellt [DIN61082].

Der Stromlaufplan ist die primäre Planungsunterlage in der Elektrokonstruktion. Im Stromlaufplan müssen die elektrischen Betriebsmittel und deren *funktionaler Zusammenhang* übersichtlich und nachvollziehbar dargestellt werden. (vgl. [ZICK09, S.107])

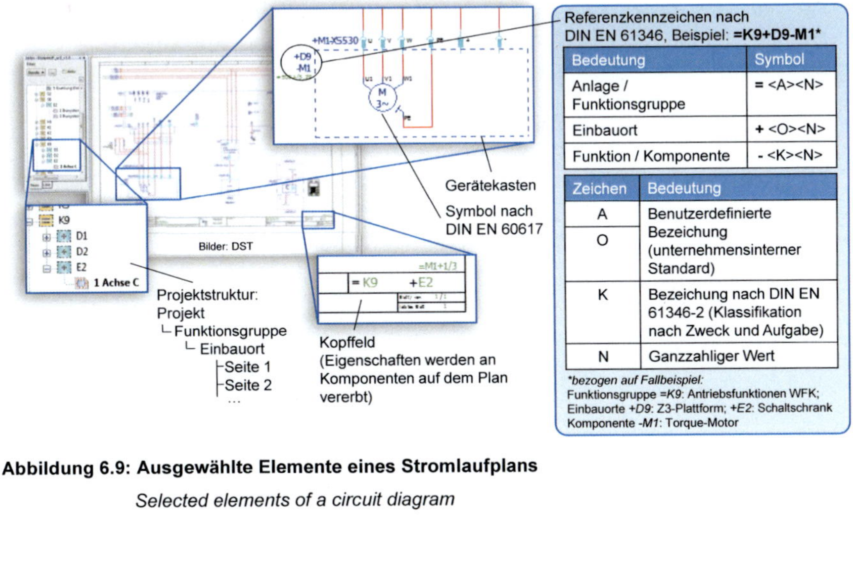

Abbildung 6.9: Ausgewählte Elemente eines Stromlaufplans

Selected elements of a circuit diagram

Ein Schaltplan besitzt ein Kopffeld, in dem u. a. die Funktionsgruppe und der fokussierte Einbauort eingetragen werden. Die Nomenklatur entspricht dem Aufbau von Referenzkennzeichen, wie sie beispielsweise für den Gerätekasten im oberen Teil zur Anwendung kommen. Die Definition der Komponenten erfolgt mit Hilfe grafischer Symbole, von denen eine große Auswahl in Normen wie der DIN EN 60617 zusammengefasst sind (vgl. [DIN60617]). Beim Platzieren eines Symbols wird im Sinne eines modellgetriebenen Ansatzes ein Objekt instanziiert. Diesem lässt sich ein konkretes Produkt aus den im ECAD System zur Verfügung stehenden Bauteilkatalogen (z.B. auf Basis von eCl@ss[24]) zuordnen[25]. Somit entspricht das Symbol einer Klasse von Produkten. Das konkrete Produkt bzw. Bauteil wird vom Konstrukteur entsprechend funktionaler und organisatorischer Anforderungen ausgewählt.

Die Primärstruktur eines ECAD-Projekts entspricht einer funktionalen Dekomposition. So enthält das Referenzkennzeichen an der ersten Stelle die Funktionsgruppe (z.B. „=D9"). Dieser Code wird nach firmenspezifischen Standards vergeben. Beispiel für Funktionsgruppen sind Einspeisung, Vorschubsystem etc. in der Elektrik und Pneumatik, Kühlung, Hydraulik und Schmierung in der Fluidik. Der zweite Teilaspekt beschreibt den Einbauort (z.B. „+E2"). Beispiele sind der Schaltschrank, Montageplatten oder Bereiche, in denen Aktoren und Sensoren untergebracht sind.

Im ECAD-Projekt findet sich diese Strukturierung im Navigationsbereich wieder. Unter jeder Funktionsgruppe sind die verschiedenen Einbauorte aufgetragen. Die Unterlagen können sich auf mehrere Seiten verteilen.

Nach der vom Arbeitskreis Varianten in der Elektrokonstruktion AVEK erstellten Klassifizierung lassen sich folgende Variantenarten unterscheiden: [SCHÄ03b, S.23]

- *Projektvarianten:* Projektvarianten entstehen durch Wiederverwendung ganzer Projekte bei lediglich minimalen Änderungen (z.B. Aktualisierung projektweit gültiger Basisdaten), die sowohl nicht-technologische Aspekte (z.B. Kunden- und Auftragsdaten) als auch technologische Aspekte (Sprache, Symbolkatalog, Bauteilkatalog etc.) betreffen.
- *Auslegungsvarianten:* Bei einer Auslegungsvariante werden grundsätzliche physikalische Eigenschaften und Betriebsbedingungen (z.B. Leistung, Spannung, Stromstärke, Frequenz etc.) variiert. Der Betrachtungsrahmen kann hierbei auf einzelnen Bauelementen (lokal) oder der Gesamtanlage (global) liegen.
- *Betriebsmittelvarianten:* Betriebsmittel bezeichnen die kleinste gestalterische Einheit in der Elektrokonstruktion. Es kann weiter zwischen einfachen und verteilten Betriebsmitteln unterschieden werden. Einfache Betriebsmittel treten im Gegensatz zu verteilten Betriebsmitteln nur an einer Stelle des Stromlaufplans auf. Eine

[24] eCl@ss ist ein branchenübergreifender Produktdatenstandard, Herausgegeben vom eCl@ss e.V., für die Klassifizierung und eindeutige Beschreibung von Produkten und Dienstleistungen [ECLA14].

[25] In EPLAN P8® ist neben der symbolorientierten Vorgehensweise auch eine bauteilorientierte Vorgehensweise möglich. Hierbei wird ein Bauteil ausgewählt und auf dem Plan platziert. Das entsprechende Symbol wird dann automatisch ermittelt und dargestellt.

Betriebsmittelvariante bezeichnet eine Alternative für ein bestimmtes Betriebsmittel bei technischer bzw. funktionaler Gleichwertigkeit.

- *Komponentenvarianten:* Als Komponenten wird in der Elektrotechnik eine Zusammenfassung mehrerer Betriebsmittel verstanden, die gemeinsam eine komplexe Funktion erfüllen. Die Umsetzung einer Komponente gleicher Funktion mit alternativen Betriebsmitteln wird als Komponentenvariante bezeichnet.
- *Funktionsgruppenvarianten:* Eine Funktionsgruppenvariante liegt dann vor, wenn die grundsätzliche Funktionsweise – unter Nutzung von mindestens einer Komponentenvariante – beibehalten wird.
- *Blattvarianten:* Blattvarianten beziehen sich auf unterschiedliche Darstellungsformen der Pläne.
- *Norm- und Standardvarianten:* Je nach Auftraggeber ist es möglich, dass nationale oder internationale sowie unternehmensspezifische Standards bei der Projekterstellung berücksichtigt werden müssen. Hierbei spricht man von Norm- und Standardvarianten.

Lokale Auslegungsvarianten resultieren demnach in Betriebsmittelvarianten. In Rahmenmodell vorgestellte Vernetzung der Teilsysteme – insbesondere der Anforderungsmodellierung, der physikalischen Simulation und den Systemen des MCAD und ECAD – bildet die Basis für einen ressourcenbasierten Konfigurationsansatz. Die zunehmende Standardisierung der Bauteilbeschreibung durch Standards wie Ecl@ss unterstützt eine solche Vorgehensweise. Durch zunehmend (teil-)automatisierte Bauteilauswahl auf Betriebsmittelebene wird daher die Formulierung komplexer Konfigurationsregeln zunehmend überflüssig, da diese aufwendigen Planungsschritte in die Engineering-Umgebung verlagert wird. Entscheidend ist daher die Planung *struktureller Varianten*, d.h. der Komponentenvarianten und Funktionsgruppenvarianten.

Für die technische Umsetzung der Variantentechnologie lassen sich zwei Ansätze unterscheiden: (vgl. [RENZ08])

- Beim **additiven Verfahren** werden Pläne (und somit die objektorientierten Projektdaten) aus einem Grundprojekt und einzelnen Fragment zusammengestellt. Die Fragmente (sogenannte Makros) sind i.d.R. parametrierbar und lassen sich somit an spezifische Anforderungen anpassen. Die Platzierung kann automatisiert erfolgen. Einige Hersteller bieten diesbezüglich eine Kopplung zu Excel.
- Beim **substraktiven Verfahren** wird zunächst eine Maximallösung erstellt, die alle Varianten beinhaltet. Während der Auftragsabwicklung wird zunächst eine Kopie des gesamten Projekts erstellt und konfiguriert. Die nicht benötigten Komponenten werden deaktiviert und ggf. automatisch gelöscht.

Abbildung 6.10 zeigt das Prinzip des in EPLAN P8 als Zusatzmodul verfügbaren Konfigurators *Project Options* zur Variantensteuerung. Das Modul unterstützt ein subtraktives Verfahren. Für diese Art der Konfiguratoren sind in der Elektrokonstruktion die Begriffe *Varianten* und *Optionen* geläufig, die im Folgenden erläutert werden.

Im rechten Teil von Abbildung 6.10 sind zwei Ausprägungen einer Teilfunktion dargestellt. Option *OP1* nutzt ein 2-2-Wegeventil, während in Option *OP2* ein 3-3-Wegeventil zum Einsatz kommt. Die jeweils unterschiedlichen Bereiche werden mit Hilfe eines sogenannten *Ausschnitts* als *Fragment des Schaltplans* markiert und einer zuvor angelegten *Option* zugeordnet. Durch Gruppierung der *Optionen* in *Optionsgruppen* (z.B. *OG1*) wird festgelegt, dass sich die Optionen (z.B. *OP1* und *OP2*) gegenseitig ausschließen, da nicht mehr als eine Option einer Optionsgruppe gleichzeitig aktiv sein kann[26]. Durch Wechseln der aktiven Option im Projekt lassen sich die Sichten im Schaltplan automatisch umschalten.

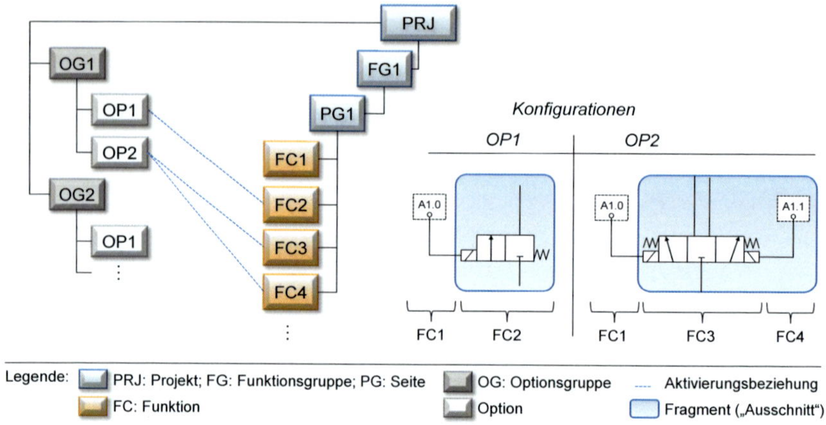

Abbildung 6.10: Funktionsweise des datenintegrativen Konfigurators in EPLAN P8 (vereinfacht)

Principle of the data-integrative configurator of EPLAN P8 (simplified)

Da neben dem Ventil auch der entsprechende SPS-Eingang (*FC4*) von der Variante betroffen ist, lässt sich das Beispiel unter der Kategorie der Komponentenvarianten einordnen. Ebenso ist es möglich, einzelne Blätter oder ganze Funktionsgruppen über Optionen zu deaktivieren. Somit lassen sich auch Funktionsgruppenvarianten abbilden. Eine Erweiterung des Ansatzes auf Verdrahtungsinformationen ist möglich. Auch hier wird über ein Fragment die Zugehörigkeit einer Verbindung zu einer Option kodiert und lässt sich somit auswerten.

Im Gegensatz zur mechanischen Konstruktion weisen Produktdaten der Elektrokonstruktion eine flache Hierarchie auf. Funktionsgruppen und Funktionen lassen sich nicht beliebig tief verschachteln. Abbildung 6.11 zeigt das Metamodell, mit dessen Hilfe sich die strukturellen Varianten, d.h. Komponentenvarianten und Funktionsgruppenvarianten, abbilden lassen. Das Modell wurde im Rahmen der Arbeit exemplarisch erstellt (vgl. Kapitel 6.4.1, Punkt 1). Ausgehend vom Wurzelknoten ist mittig die hierarchische Projektstruktur aus *Funktionsgruppe*, *Funktion* und *Artikel* darge-

[26] Andere Hersteller nutzen für diesen Fall den Betriff *Variante*.

stellt. Eine *Funktion* entspricht hierbei einem Symbol auf dem Plan. Das zugeordnete Bauteil wird als *Artikel* modelliert. Sowohl Funktionen als auch Artikel erhalten eine Referenz zum Verwendungsort. Der rechte Teil des Modells enthält die Mechanismen zur Variantensteuerung: Eine *Optionsgruppe* enthält *Optionen,* die wiederum *Fragmente* beinhalten können. Diese Fragmente verweisen auf Funktionen, die geometrisch gesehen innerhalb des Fragments liegen. Wenn alle Funktionen einer Funktionsgruppe von einer einzigen Option referenziert werden, so lässt sich daraus schließen, dass die gesamte Funktionsgruppe optional ist. Eine explizite Modellierung dieser Information ist daher nicht zwingend erforderlich.

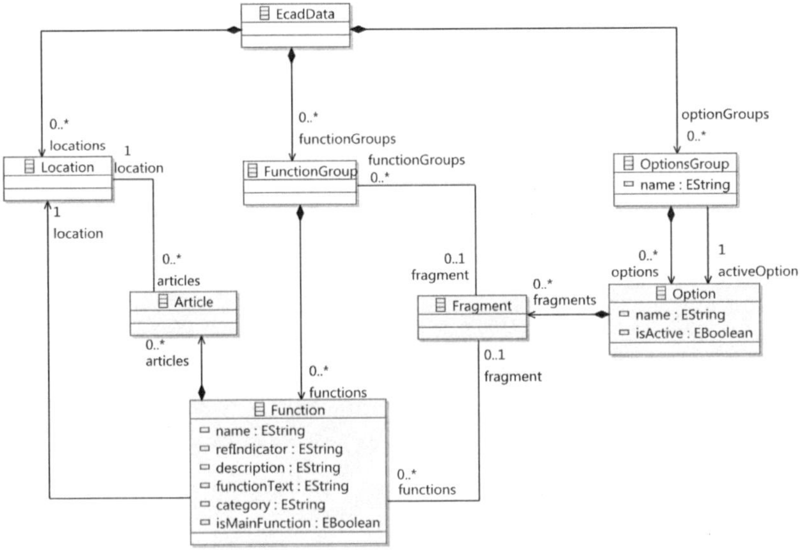

Abbildung 6.11: Domänenmodell zur Abbildung variantenreicher Strukturen im ECAD

Domain model representing structural variants in ECAD data

6.6 Disziplinspezifische Merkmalsmetamodelle

Discipline-specific Feature Models

In den Kapiteln 6.5.1 und 6.5.2 wurden Metamodelle hergeleitet, welche die innerhalb der datenintegrativen Konfiguratoren kodierte Varianz abbilden. Um diese heterogenen Datenstrukturen im Rahmen eines Konfigurationssystems verarbeiten zu können, ist die Kapselung durch ein einheitliches Merkmalsmetamodell erforderlich (vgl. 6.4.1, Punkt 3). Dieses Merkmalsmetamodell muss neben generischen Anteilen auch spezifische Anteile aufweisen. Der Aufbau der einheitlichen Merkmalsmetamodelle wird im Folgenden erläutert.

Abbildung 6.12, links, zeigt am Beispiel der Disziplin MCAD den Aufbau des Merkmalsmetamodells, welches genutzt wird, um Instanzen der proprietären Datenstrukturen in eine einheitliche Form zu überführen. Der überwiegende Teil dieses Modells ist generisch gehalten. Aus Gründen der Implementierung und Nutzung eines grafischen Editors wurden domänenspezifische Erweiterungen vorgenommen. Diese Erweiterungen sind insbesondere bei der Entwicklung der Modelltransformationen hilfreich und haben keinen nachteiligen Einfluss auf die folgenden Operationen, insbesondere die Überführung in das gemeinsame Merkmals- und Konfigurationsmodell. Die Erweiterungen sind Konkretisierungen der abstrakten Klasse *Asset*, die ein beliebiges Element einer disziplinspezifischen Datenstruktur repräsentiert.

Root-Asset entspricht der obersten Projektdatenstruktur. Zwischen den Assets sind Merkmalsknoten angeordnet (*Nodes*), die beschreiben, welche Elemente obligatorisch (AND), alternativ (XOR) oder optional (OPT) sind. Durch die zirkuläre Beziehung zwischen den abstrakten Klassen Node und Asset lassen sich komplexe Baumstrukturen aufbauen.

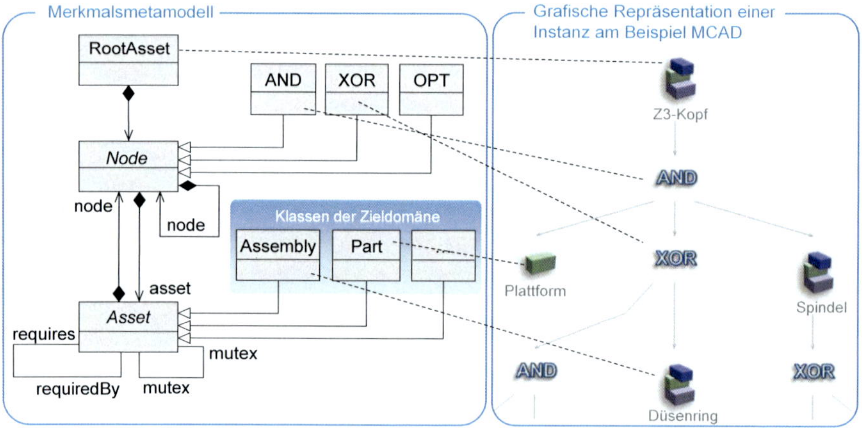

Abbildung 6.12: Merkmalsmetamodell am Beispiel MCAD

Feature metamodel taking MCAD as an example

Abbildung 6.12, rechts, zeigt die grafische Repräsentation eines Modells, welches eine Instanz des Merkmalsmetamodells darstellt. Mit Hilfe eines Frameworks zur Generierung grafischer Editoren lassen sich den Klassen der Zieldomäne spezifische Symbole zuordnen, die die Wiedererkennung vereinfachen[27]. Mit Hilfe einer ID lassen sich *Assets* eindeutig den von ihnen repräsentierten Elementen der CAx Datenstrukturen zuordnen (beispielsweise mit Hilfe des Referenzkennzeichens im ECAD).

Weitere Bestandteile des Merkmalsmetamodells bilden die sogenannten *Cross-Tree-Relations* (CTR) *requires* und *mutex*, um Abhängigkeiten zwischen beliebigen *Assets* modellieren zu können (vgl. Kapitel 4.3.4).

[27] In dieser Arbeit wurde aus Gründen der leichteren Implementierung auf eine FODA-konforme Darstellung verzichtet. Die Nutzung einer FODA-basierten Notation ist ebenfalls möglich und sollte für zukünftige Arbeiten in Erwägung gezogen werden.

Tabelle 6.1 zeigt die Zuordnung der innerhalb der betrachteten Disziplinen genutzten Klassen und deren grafische Repräsentation. Die Klasse *Artikel* wird aufgrund der Einschränkungen des vorliegenden datenintegrativen Konfigurators nicht weiter betrachtet[28]. Im MCAD sind die Symbole für Projekt und Baugruppe identisch, da die mechanische Baugruppe (im Gegensatz zur Funktionsgruppe in der Elektrik) einen eindeutigen Wurzelknoten darstellt.

Tabelle 6.1: Zuordnung grafischer Symbole zu den disziplinspezifischen Klassen

Assignment of graphical symbols to the discipline-specific classes

Disziplin	Klassen				
MCAD	Begriff:	MCAD-Projekt	Baugruppe	Teil	-
	Symbol:				-
ECAD	Begriff:	ECAD-Projekt	Funktionsgruppe	Funktion	Artikel
	Symbol:				

6.7 Algorithmen zur automatischen Erzeugung von Merkmalsmodellen aus CAx Daten

Algorithms for Automatic Creation of Feature Models from CAx Data

In Kapitel 6.5 wurden Domänenmodelle beschrieben, mit deren Hilfe sich die variantenhaltigen Datenstrukturen der betrachteten CAx Systeme abbilden lassen. In Kapitel 6.6 wurden Merkmalsmodelle vorgestellt, die sich aufgrund ihres einheitlichen Aufbaus in einem Konfigurator automatisiert verarbeiten lassen. In diesem Kapitel werden Algorithmen hergeleitet, die eine Überführung der Domänenmodelle in die einheitlichen Merkmalsmodelle ermöglichen. In Kapitel 6.7.1 wird der Ansatz anhand der Disziplin MCAD erläutert. Darauf folgt die Formalisierung als Algorithmus in Kapitel 6.7.2. Kapitel 6.7.3 stellt die Vorgehensweise zur Erzeugung von Cross-Tree-Relations vor. Die Übertragung des Algorithmus auf die Disziplin ECAD wird in Kapitel 6.7.4 vorgestellt. Beispiele zur Implementierung mit der Transformationssprache OMG QVT finden sich in Anhang A2.

6.7.1 Ansatz

Approach

Daten der Disziplin MCAD weisen hierarchische, baumartige Strukturen bestehend aus Baugruppen und Teilen auf. Zur Erstellung von Strukturvarianten lassen sich mit dem CAD Werkzeug SolidWorks sogenannte Konfigurationen auf Baugruppenebene

[28] Betriebsmittelvarianten werden in dieser Arbeit nicht betrachtet, können jedoch mit den vorgestellten Konzepten adressiert werde. Voraussetzung ist, dass alternative Betriebsmittel explizit als Varianten im ECAD System angelegt werden, um diese Information über die Programmierschnittstelle abgreifen zu können.

erstellen (vgl. Kapitel 6.5.1). Abbildung 6.13 zeigt exemplarisch die Konfigurationen der Z3-Kopf-Plattform in der Vertikalen und die Unterkomponenten der Baugruppe in der Horizontalen. Unterkomponenten sind hierbei Instanzen von Teilen oder Baugruppen.

Die Häkchen in Abbildung 6.13 markieren für jede Konfiguration die aktiv geschalteten Unterkomponenten. Die Spindelbaugruppe unterscheidet sich insofern von den anderen Baugruppen, als sie lediglich einen Container (im Folgenden Dummy-Baugruppe genannt) für sämtliche verfügbare Spindeln darstellt. Vorteil hierbei ist, dass sich die Konfigurationen zur Auswahl der erforderlichen Spindel auf Ebene der Dummy-Baugruppe speichern lassen, was die Wiederverwendung vereinfacht (s. Abbildung 6.14). In Abbildung 6.13 wird beispielsweise in der Konfiguration *C2-DR_120* der Z3-Plattform die Dummy-Baugruppe Spindel mit der Konfiguration *C1_spi120* verbaut. Die Bezeichnungen dienen hierbei lediglich zur Übersicht für den Benutzer. Die Zuordnung der Konfigurationen erfolgt explizit im MCAD unter Nutzung der entsprechenden Objektreferenzen (vgl. Kapitel 6.5.1, Abbildung 6.1).

Komponente / Konfiguration	 Spindel	 Plattform	 Düsenring	 C-Achse	 WFK
 C1-WFK_120	✓	✓		✓	✓
 C2-DR_120	✓	✓	✓		
 C3-DR_80	✓	✓	✓		

Abbildung 6.13: Konfigurationen mit zugeordneten aktiven Komponenten

Configuration and assigned active components

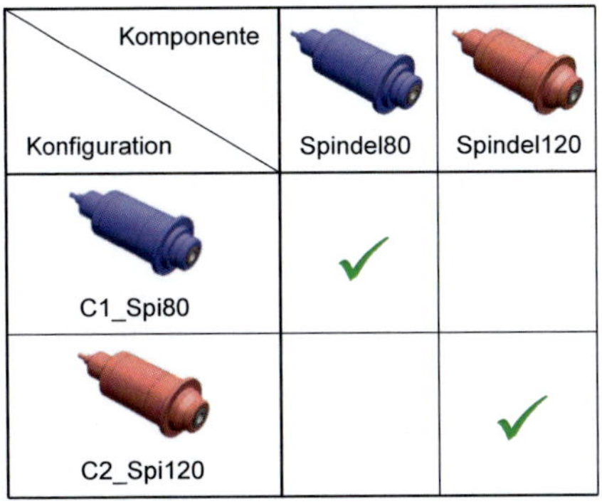

Abbildung 6.14: Kapselung alternativer Komponenten in Dummy-Baugruppen

Encapsulation of alternative component trough dummy assemblies

Der Algorithmus zur Merkmalsmodellextraktion stellt keinerlei Anforderungen an die Nomenklatur der Konfigurationen. Diese wird vom Benutzer so gewählt, dass eine hinreichend genaue inhaltliche Zuordnung von Konfigurationen und resultierenden Varianten im CAD Werkzeug möglich ist.

Die beschriebene Zuordnung von aktiven Komponenten zu Konfigurationen liegt als Instanz des in Kapitel 6.5.1 beschriebenen Metamodells der MCAD Datenstruktur vor. Die Vorgehensweise zur Überführung dieser Struktur in eine Instanz des entsprechenden Merkmalsmetamodells (kurz: Merkmalsmodell) wird im Folgenden anhand von Abbildung 6.15 erläutert.

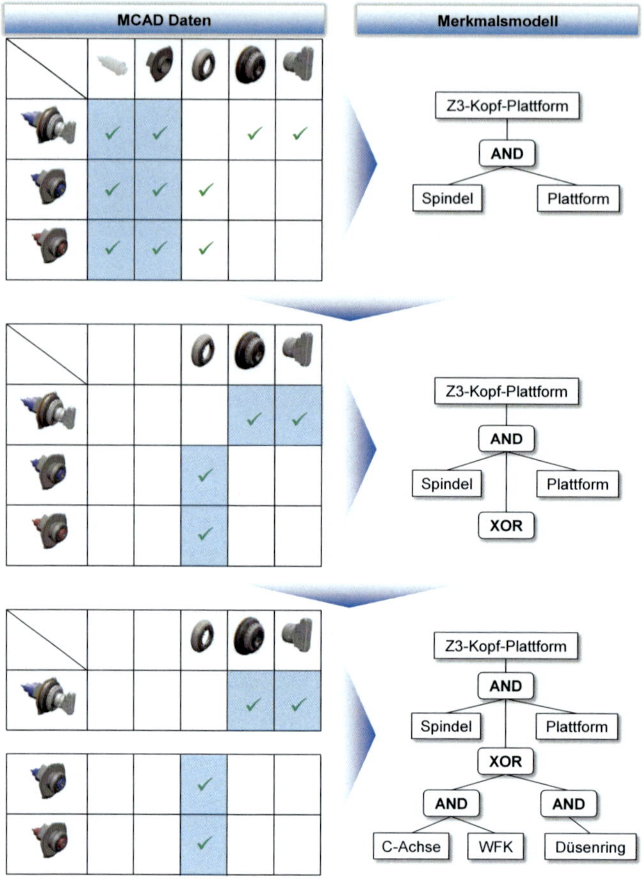

Abbildung 6.15: Grundkonzept der Modelltransformation zur Merkmalsmodellerstellung

Basic concept of model transformation for the generation of feature models

Das Merkmalsmodell wird zunächst mit einem Wurzelknoten initialisiert, welcher der betrachteten Baugruppe im MCAD entspricht (hier: Z3-Kopf-Plattform). Es folgt nun die Auswertung von obligatorischen „MUSS-Komponenten" (AND). Als Suchkriterium wird definiert, dass diese in jeder Konfiguration enthalten sind. Im Beispiel sind dies die Komponenten *Spindel* und *Plattform*, für die jeweils ein Eintrag unterhalb des AND-Knotens erzeugt wird. Die identifizierten Muss-Komponenten werden anschließend aus der Datenstruktur der Baugruppe entfernt. Somit erfolgt ein schrittweiser Transfer von der Originalstruktur in das Merkmalsmodell. Auf Basis der reduzierten Struktur erfolgt die Auswertung der optionalen (OPT) und der sich gegenseitig ausschließenden Komponenten (XOR). Durch Mengenoperationen lässt sich im vorliegenden Beispiel eine XOR-Gruppe identifizieren, für die ein entsprechender Knoten im Merkmalsmodell angelegt wird. Die Ergebnismengen der XOR-Analyse werden jeweils unterhalb eines separaten AND-Knotens angeordnet.

Für jeden Eintrag im Merkmalsmodell startet eine rekursive Bearbeitung, sofern es sich bei den Einträgen um Baugruppen handelt. So wird unter Fortsetzung der Bearbeitung ein XOR-Eintrag unterhalb der Spindel-Baugruppe erzeugt, der den gegenseitigen Ausschluss der beiden verfügbaren Spindeln repräsentiert.

6.7.2 Formalisierung des Verfahrens

Formalization of the Procedure

Um auf Basis der im vorhergehenden Abschnitt beschriebenen Strategie eine automatische Modelltransformation erzeugen zu können, wird im Folgenden die Formalisierung des Algorithmus beschrieben. Abbildung 6.16 zeigt die drei essentiellen Schritte zur Analyse der Datenstrukturen.

Es werden jeweils Vorbedingungen und Aktionen definiert, die eine Überführung der Datenstrukturen in Merkmalsmodelle ermöglichen. Schritt 1 basiert wie oben beschrieben auf der Erkennung von Komponenten, die in allen Konfigurationen enthalten sind. Durch Löschen der Treffer kann eine Leerzeile entstehen, die in Schritt 2 als Erkennungszeichen für eine OPT-Komponente genutzt wird. Nach Löschen einer etwaigen Zeile erfolgt in Schritt 3 die Analyse der XOR-Komponenten. Als Bedingung für eine XOR-Gruppe gilt, dass die Schnittmenge von Komponenten unterschiedlicher Konfiguration gleich Null ist. Um den Sonderfall der Kombination aus AND- und OPT-Knoten *ohne* XOR-Komponenten zu erkennen, ist eine zusätzliche Fallunterscheidung erforderlich. Ist in Schritt 3 beispielsweise nur noch eine Zeile enthalten, so handelt es sich um Elemente unterhalb eines OPT-Knotens. Diese werden entsprechend angefügt und der Algorithmus auf Ebene der Hauptbaugruppe beendet. Innerhalb jeder Unterkomponenten vom Typ Baugruppe wird die Prozedur auf identische Weise ausgeführt.

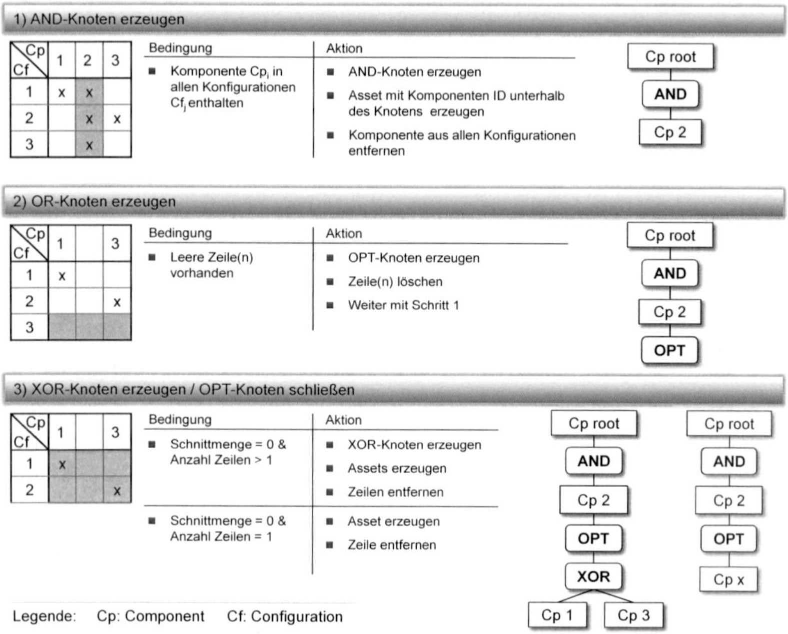

Abbildung 6.16: Arbeitsschritte zur Erzeugung von Merkmalsmodellen

Steps for the generation of feature models

Die Verarbeitung von XOR-Komponenten in größeren Strukturen wird in Abbildung 6.17 anhand von zwei Beispielen erläutert. In Beispiel 1 lassen sich zwei XOR-Gruppen identifizieren, deren Elemente über keine Schnittmengen verfügen. Innerhalb jeder Teilmenge ergibt sich unter Anwendung des oben beschriebenen Algorithmus die dargestellte Struktur eines Merkmalsmodells. In Beispiel 2 wurde die Komponente 3 für Konfiguration 4 inaktiv geschaltet. Diese Änderung resultiert bei erneuter Anwendung des Algorithmus im Verschwinden eines OPT-Knotens und dem Hinzufügen eines AND-Knotens unterhalb des XOR-Bereichs.

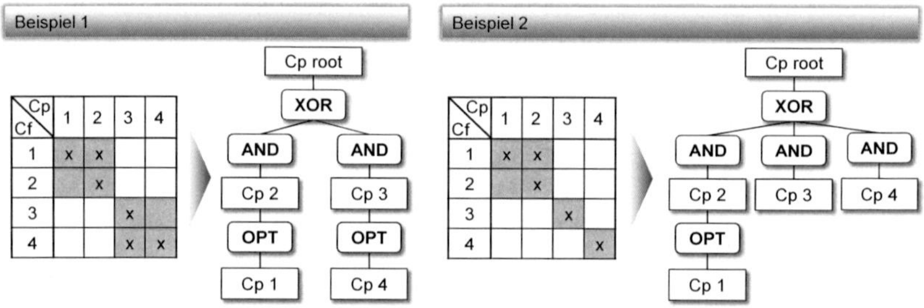

Abbildung 6.17: Beispiel für komplexe XOR-Knoten

Examples for complex XOR-nodes

Der Algorithmus zur XOR-Gruppenbildung lässt sich anhand des folgenden Pseudo-Codes als Ablauf umsetzen:

Algorithmus zur XOR-Gruppenbildung

```
Z1: erzeuge Kopie der betrachteten Komponenten
Z2: solange Anzahl an Konfigurationen > 0:
Z3:     nimm erste Konfiguration (K1)
Z4:     verschiebe diese in die Trefferliste
Z5:     für jede weitere Konfiguration
Z6:         wenn Überschneidung bei Unterkomponenten mit K1 vorhanden, dann
Z7:             verschiebe diese Konfiguration zur Trefferliste
Z8:     füge Trefferliste zu XOR-Gruppenliste hinzu
Z9: erzeuge XOR-Knoten und übergib XOR-Gruppenliste
```

Die Prozedur arbeitet mit einer Kopie der betrachteten Komponente, einer Trefferlist, in der die gemeinsamen Konfiguration einer XOR-Gruppe zwischengespeichert werden sowie einer XOR-Gruppenliste, die die Trefferlisten als Einträge enthält. Der Algorithmus beginnt mit der ersten Konfiguration und prüft für alle weiteren Konfigurationen, ob Schnittmengen bei den Unterkomponenten enthalten sind (Zeile 5, Zeile 6). Falls Schnittmengen detektiert werden, ist der Nachweis für eine gemeinsame XOR-Gruppe erbracht und die verglichene Konfiguration wird in die Trefferliste verschoben (Zeile 7). Nach Abarbeitung aller Konfigurationen, wird die Trefferliste in die XOR-Gruppenliste verschoben. Solange weitere Konfigurationen in der Komponente enthalten sind, erfolgt die Fortsetzung in Zeile 2. Die Kopie der betrachteten Komponente wird durch das Verfahren schrittweise ausgedünnt, bis alle Elemente genau einer XOR-Gruppe zugeordnet sind.

Nach Abarbeitung der Prozedur erfolgt die Übergabe der XOR-Gruppenliste an eine Funktion zur Erzeugung des XOR-Knotens. Für jede ermittelte Gruppe existiert eine individuelle Kopie der Original-Komponenten, die ausschließlich Konfigurationen der ermittelten XOR-Gruppe enthält (s. markierte Felder in Abbildung 6.17). Für jede dieser reduzierten Komponenten wird der durch Abbildung 6.16 beschriebene Algorithmus in Schritt 1 rekursiv aufgerufen. Somit ist es möglich, alle Zweige einer gegebenen Wurzelkomponente vollständig automatisch abzuarbeiten und inkrementell in ein Merkmalsmodell zu überführen.

6.7.3 Cross-Tree-Relations

Cross-Tree-Relations

Die automatische Identifikation von Cross-Tree-Relations (CTR) in hierarchischen Strukturen wie den Modellen des MCAD ist aufgrund der vielfältigen und schwer zu bewertenden Sinnhaftigkeit der Lösungen aufwendig und wurde in dieser Arbeit nicht umgesetzt. Stattdessen wurde ein hybrider Ansatz gewählt, der prinzipiell die Definition von CTR im grafischen Editor auf Basis des ausgelesenen Modells ermöglicht. Die Problematik wird anhand von Abbildung 6.18 und Abbildung 6.19 im Folgenden erläutert.

Abbildung 6.18 zeigt links das Anwendungsbeispiel WERO mit seinen zwei möglichen Konfigurationen (vgl. Kapitel 3.3). Die Positioniereinheiten sind modular aufgebaut und existieren in drei verschiedenen Varianten. Die obere Einheit ist optional und kann nur in der Variante *Pickup* verwendet werden. Bei Verwendung der Pickup-Variante muss für die untere Positioniereinheit (bzw. für die darin enthaltene Bewegungseinheit) die Variante *WWE-WFK* aktiviert werden. Diese Restriktionen sind vollständig durch den internen Konfigurator beschrieben.

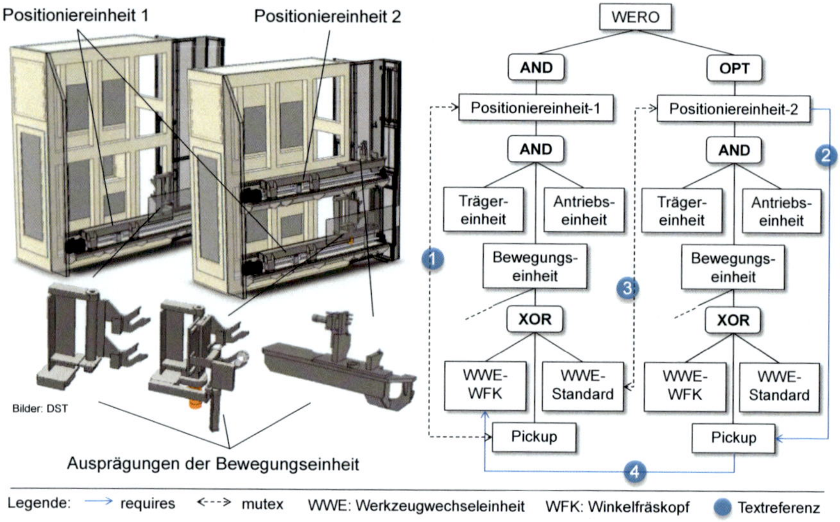

Abbildung 6.18: Einschränkung des Lösungsraums durch Cross-Tree-Relations

Constraints for the solution space using cross-tree-relations

Das abgeleitete Merkmalsmodell ist im rechten Teil dargestellt. Die Extraktion erfolgt zunächst ohne CTR und wird beispielsweise um die CTRs 1-4 manuelle ergänzt. Eine gleichbedeutende Vorgehensweise ist in Abbildung 6.19 dargestellt.

Hier wird allein über das Merkmalsmodell der externen Varianz (1), d.h. über das manuell durchgeführte Mapping auf das Modell der internen Varianz (2) die erforderliche Aktivierung der jeweiligen Komponenten erzielt. Sofern keine automatische Extraktion von CTRs erfolgt, ist der Modellierungsaufwand in diesem Fall geringer. Bei automatischer Extraktion von CTRs ließe sich durch das Mapping 5 direkt die obere Bewegungseinheit referenzieren und durch Mapping 3 die untere Bewegungseinheit. Die Aktivierung der unterlagerten Komponenten in der richtigen Variante erfolgt dann über Auswertung der CTRs. Hierbei ist jedoch auch zu beachten, dass der vollständige Wechsel einer Variante über das Modell der externen Varianz erfolgen soll. Der Informationsgehalt des Mappings muss diesbezüglich ein automatisches Abwählen der Komponenten auf Ebenen der internen Varianz sicherstellen.

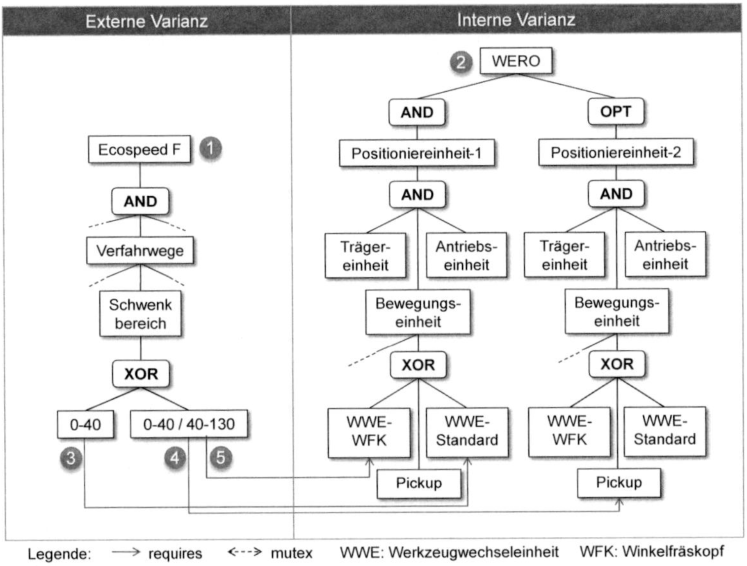

Abbildung 6.19: Eingrenzung des Lösungsraums durch Merkmalsmodell der externen Varianz

Constraining the solution space thru feature of external variety

6.7.4 Anwendung des Algorithmus auf ECAD

Application of the Algorithm to ECAD

Der in Abschnitt 6.7.2 entwickelte Algorithmus lässt sich auf beliebige Datenstrukturen übertragen, die Möglichkeiten zur Beschreibung von Varianten bieten. Im Folgenden wird exemplarisch die Anwendung des Algorithmus auf die Disziplin ECAD erläutert. Hierbei wird auch auf die Beispiele aus Kapitel 3.3 (Abbildung 3.2) und Kapitel 6.5.2 (Abbildung 6.6 und Abbildung 6.10) Bezug genommen.

Wie in Kapitel 6.5.2 beschrieben, weisen Modelle der Elektrokonstruktion deutliche Unterschiede zu denen der mechanischen Konstruktion auf. Letztere verfügt über einen hierarchischen Modellaufbau, während erstere eine flache, netzartige Datenstruktur aufweist. Unterschiedliche Sichten ermöglichen in der Elektrokonstruktion eine funktionsgruppen- und ortsübergreifende Darstellung von Komponenten, so dass ihr funktionaler Zusammenhang ersichtlich wird. Eine Strukturvariante betrifft daher häufig Komponenten unterschiedlicher Funktionsgruppen, wie Abbildung 6.20 exemplarisch zeigt. Bei der Variante *ohne C-Achse* werden alle Elemente des Antriebssystems mit Hilfe der Optionstechnik unterdrückt, während bei der Variante *mit C-Achse* die Verschaltung von Motor, Geber und Umrichter im Plan dargestellt wird. Wie an den Referenzkennzeichen der Komponenten ersichtlich ist, sind die Komponenten der Variante *mit C-Achse* unterschiedlichen Einbauorten und Funktionsgruppen zugeordnet.

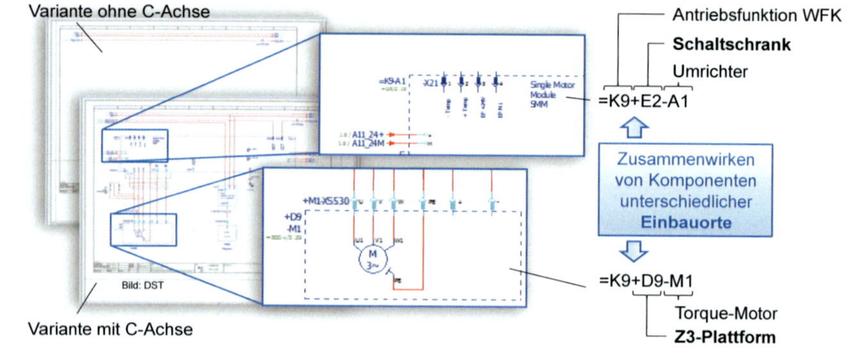

Abbildung 6.20: Beispiel für funktionale, ortsübergreifende Varianten

Example for functional variants overarching locations

Für die Strukturierung der Elemente im extrahierten Merkmalsmodell sind zwei Gliederungsformen möglich: Zum einen lassen sich Komponenten eindeutig nach Einbauorten strukturieren, zum anderen ist eine Gliederung in Funktionsgruppen möglich. Letztere entspricht der Primärstruktur von ECAD Systemen und weist daher die für den Bediener gewohnte Darstellung auf. Zur Sicherstellung einer intuitiven Bedienung wird daher eine Strukturierung nach Hauptfunktionen für die Darstellung der Konfigurationsbäume bevorzugt.

Die netzartige Struktur der Datenmodelle, die sich aus der funktionsgruppenübergreifenden Zuordnung von Komponenten (Funktionen) zu einzelnen Optionen einer Optionsgruppe ergibt, erfordert – insbesondere für die Disziplin ECAD – den Einsatz von Querbeziehungen (CTR) zwischen den voneinander abhängigen Komponenten. Im Folgenden wird zunächst die Anwendung des Basis-Algorithmus zur Erzeugung der grundlegenden Merkmalsmodelle erläutert. Anschließend wird die Erzeugung von CTR vorgestellt.

Merkmalsmodelle

Der Algorithmus zur Erzeugung von Merkmalsmodellen wird anhand von Abbildung 6.21 erläutert. Der von einigen ECAD Systemen unterstützte Mechanismus zur Definition von Varianten mit Hilfe von Optionen ermöglicht, ähnlich zur Vorgehensweise im MCAD, die automatische Auswertung der Komponenten, die den jeweiligen Optionen zugeordnet sind. Im Gegensatz zum MCAD lässt sich im vorliegenden Fall die Variantenstruktur losgelöst von der Komponentenstruktur erstellen (d.h. Optionen und Optionsgruppen werden nicht auf Ebenen der Funktionsgruppen sondern auf Projektebene gespeichert). Durch die Definition von Fragmenten erfolgt die Zuordnung der grafischen Elemente des Schaltplans zu den einzelnen Optionen, von denen innerhalb einer Optionsgruppe genau eine aktiviert sein muss (vgl. Kapitel 6.5.2, Abbildung 6.10). Diese Konvention wurde aufgestellt, um den Informationsgehalt der

Variantenstruktur zu erhöhen, da ansonsten eine Unterscheidung zwischen optionalen und nicht-optionalen XOR-Gruppen mit dem betrachteten Konfigurator nicht eindeutig möglich ist[29]. Die Anwendung des Algorithmus erfolgt in zwei Stufen: Stufe eins bearbeitet zunächst die Funktionsgruppen, Stufe zwei die darin enthaltenen Funktionen. Prinzipiell ist eine weitere Stufe möglich, mit deren Hilfe sich auch die zugeordneten Artikel in Merkmalsmodelle überführt lassen.

Bezogen auf die Anwendungsfälle kann *FC1.1* beispielsweise dem 2-2-Wegeventil und *FC1.2* dem 3-2-Wegenventil der Kegelreinigung entsprechen. Beide Funktionen schließen sich gegenseitig aus. In ähnlichen Fällen kann es sein, dass Funktionen als OR-Gruppe aufgefasst werden. Dies setzt voraus, dass eine entsprechende Kennzeichnung auf Ebene der Funktionsgruppe erfolgt. Als Resultat ergibt sich ein zusätzlicher OPT-Knoten vor dem XOR-Knoten. Weiterhin kann eine ganze Funktionsgruppe optional sein (hier *FG2*). Dieser Fall tritt beispielsweise bei der Antriebsfunktion der C-Achse auf. Die zugeordneten Komponenten wie Umrichter und Motor verteilen sich hierbei über verschiedene Orte.

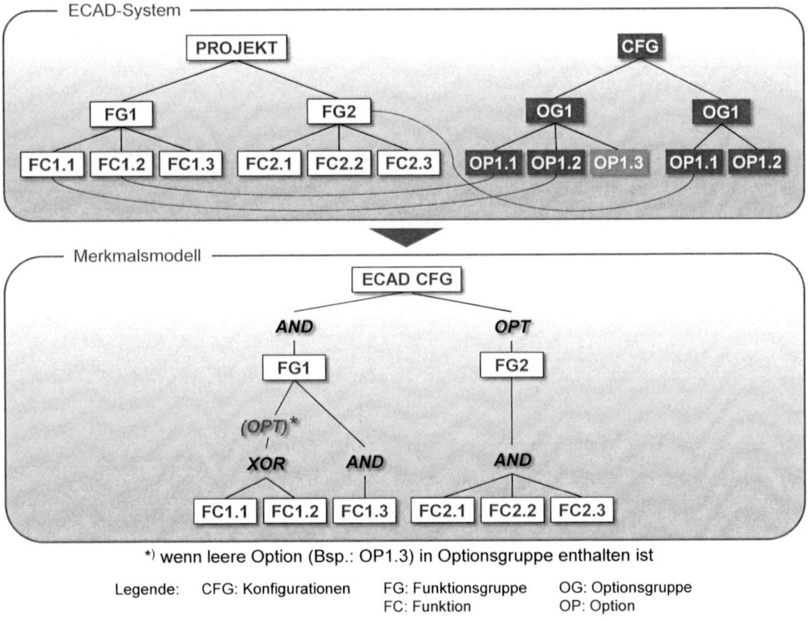

Abbildung 6.21: Gewinnung von Merkmalsmodellen aus ECAD Datenstrukturen

Mining of feature models from ECAD data structures

---

[29] Beim zugrundeliegenden Konfigurator EPLAN Project Options gilt zwischen Optionsgruppe und Option die Kardinalität „0..1". Um zwischen XOR und optionalem XOR unterscheiden zu können, wurde für diese Arbeit als Konvention festgelegt, dass stets eine Option im Konfigurator ausgewählt werden muss. Erweiterte Funktionalitäten des integrierten Konfigurators würden hier Abhilfe schaffen.

Die Analyse der Funktionsgruppen lässt sich mit Hilfe des folgenden Pseudo-Codes beschrieben:

Algorithmus zur Bearbeitung von Funktionsgruppen

```
für jede Funktionsgruppe, die von keiner Option referenziert wird
    erzeuge AND-Knoten und ordnet Ergebnismenge darunter an
suche alle Optionen, die Funktionsgruppen referenzieren
  für jede Option, hole Optionsgruppe
    wenn leere Option enthalten, dann
        erzeuge OPT-Knoten
    sonst: wenn Anzahl der identifizierten Optionen > 1, dann
        erzeuge XOR-Knoten
  ordne Ergebnismenge unter erzeugten Knoten an
```

Die Analyse der Funktionen wird innerhalb der Funktionsgruppen-Verarbeitung gestartet und verläuft analog:

Algorithmus zur Bearbeitung von Funktionen

```
für jede Funktion, die von keiner Option referenziert wird
    erzeuge AND-Knoten und ordnet Ergebnismenge darunter an
suche alle Optionen, die Funktionen der aktuellen Funktionsgruppe referenzieren
  für jede Option, hole Optionsgruppe
    wenn leere oder weitere Option zu fremden Funktionsgruppen enthalten sind, dann
        erzeuge OPT-Knoten
    sonst: wenn Anzahl der identifizierten Optionen > 1, dann
        erzeuge XOR-Knoten
  ordne Ergebnismenge unter erzeugten Knoten an
```

Der Algorithmus zur Analyse der Funktionen macht deutlich, dass durch eine separate Betrachtung der Funktionsgruppen, die Funktionsgruppen-übergreifenden Abhängigkeiten verloren gehen. Diese sind jedoch gerade in der Disziplin ECAD eine wichtige Informationsquelle. Aus diesem Grund ist eine nachgeschaltete Analyse der CTR erforderlich.

Cross-Tree-Relations

Bei der Implementierung von CTRs lassen sich charakteristische Fälle unterscheiden, die sich auch auf andere ähnlich flache und netzartige Datenstrukturen übertragen lassen. Die grundsätzliche Vorgehensweise wird im Folgenden anhand von Abbildung 6.22 und Abbildung 6.23 erläutert.

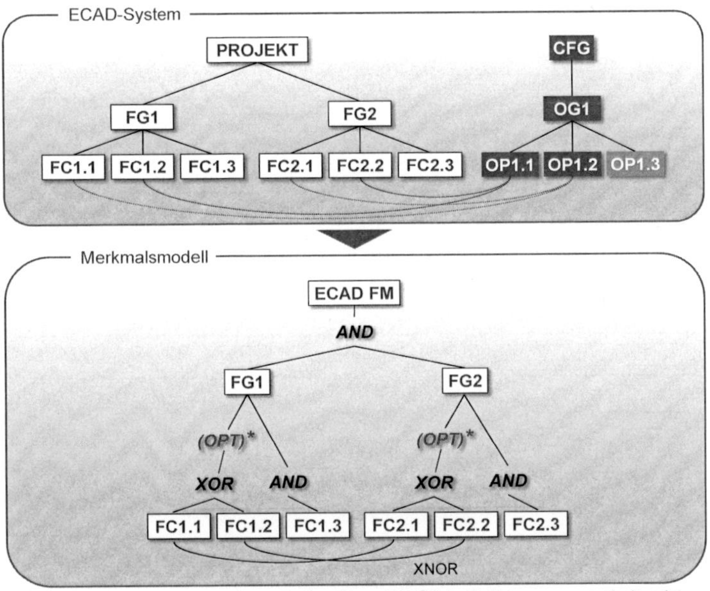

*) OPT-Knoten nur wenn leere Option (Bsp.: OP1.3) in Optionsgruppe enthalten ist

Legende: CFG: Konfigurationen; FG: Funktionsgruppe; FC: Funktion; OG: Optionsgruppe; OP: Option

Abbildung 6.22: Extraktion von Cross-Tree-Relations, Fall 1

Extraction of cross-tree-relations, case 1

Abbildung 6.22 zeigt links oben eine Projektstruktur bestehend aus zwei Funktionsgruppen FG1 und FG2. Rechts oben ist die Konfigurationsstruktur dargestellt, mit deren Hilfe einzelne Funktionen optional bzw. alternativ geschaltet werden. Das abgeleitete Merkmalsmodell ist im unteren Teil dargestellt. Bei der Betrachtung einer einzelnen Funktionsgruppe wird zunächst die XOR-Beziehung zwischen den unterlagerten Funktionen sichtbar. Wird eine leere Option eingefügt, ergibt sich ein zusätzlicher OPT-Knoten im Merkmalsmodell.

Da in Abbildung 6.22 von *einer* Option die Funktionen *unterschiedlicher* Funktionsgruppen angesteuert werden, müssen die Querabhängigkeiten bei der Ableitung des Merkmalsmodells berücksichtigt werden. Im Beispiel ergibt sich eine Abhängigkeit vom Typ XNOR (Exclusive NOT OR). Die identifizierten Abhängigkeiten werden später im generierten Konfigurationseditor genutzt, um entsprechend valide Konfigurationen zu erstellen. D. h., dass bei der Aktivierung von *FC1.1* innerhalb von *FG1* automatisch die Funktion *FC2.1* in *FG2* aktiviert wird und umgekehrt. So wird sichergestellt, dass der Benutzer keine inkonsistenten Varianten erzeugen kann.

Ein zweiter ähnlicher Fall ist in Abbildung 6.23 dargestellt. Hier verweisen Optionen *einer* Optionsgruppe *jeweils* auf Funktionen *unterschiedlicher* Funktionsgruppen. Bei isolierter Betrachtung der Funktionsgruppen sind die referenzierten Funktionen *optional*. Im übergeordneten Kontext ergeben sich jedoch Abhängigkeiten, die darauf zurückzuführen sind, dass immer nur maximal eine Option der Optionsgruppe aktiv sein kann. Die entsprechenden CTR sind daher vom Typ XOR bzw. NAND (NOT AND), je nachdem, ob eine „leere" Option auch die Deaktivierung beider Optionen *OP1* und *OP2* erlaubt.

Ein Beispiel für automatisch ausgelesene CTR findet sich im Anhang B2 (Abbildung 10.14).

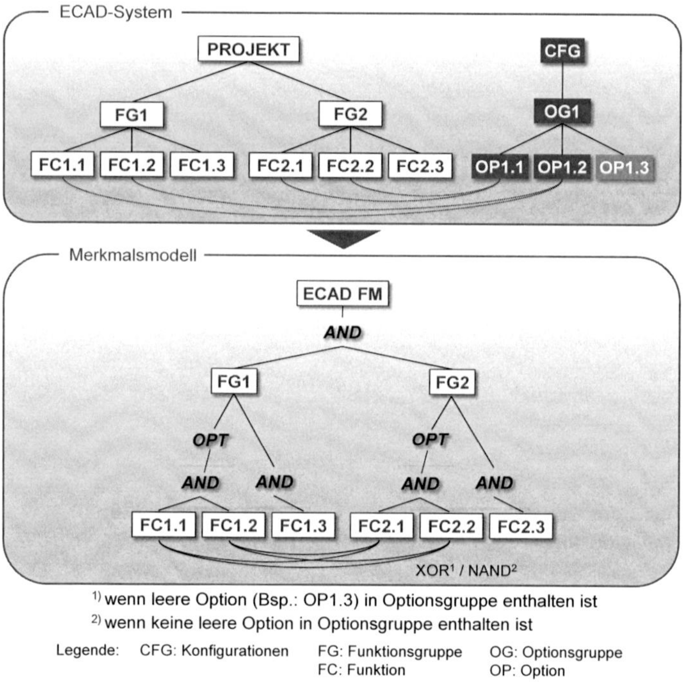

Abbildung 6.23: Extraktion von Cross-Tree-Relations, Fall 2

Extraction of cross-tree-relations, case 2

6.8 Datenmodell des Mapping-Moduls

Data model of the mapping module

Die domänenspezifischen Merkmalsmodelle werden genutzt, um die Varianz innerhalb der Domänen in einer einheitlichen Form darzustellen. Um Instanzen jener Metamodelle für das Mapping-Modul des Konfigurators (vgl. Kapitel 5.3) nutzbar zu machen, ist deren Transformation in die zentrale Modellinstanz des Mapping-Moduls erforderlich.

Abbildung 6.24 zeigt den Aufbau des Metamodells für das Mapping-Modul. Das Mapping-Modul beinhaltet Informationen sowohl für die auftragsneutralen als auch für die auftragsspezifischen Prozesse. Die wesentliche Information für die auftragsneutralen Prozesse ist die Verknüpfung zwischen interner und externer Varianz. Für die auftragsneutralen Prozesse sind Informationen enthalten, die zur Konsistenzsicherung der Konfiguration erforderlich sind. Das Metamodell des Mapping-Moduls wird im Folgenden detailliert beschrieben.

Der Bereich (a) repräsentiert die externe Varianz in ähnlicher Form wie die disziplinspezifischen Merkmalsmodelle die interne Varianz abbilden. In dieser Arbeit wird prototypisch ein stark vereinfachtes Modell der externen Varianz genutzt. Dieses wird als Varianz der Kundenanforderungen auf oberster Ebene aufgefasst und bildet somit einen Ausschnitt des gesamten Anforderungsmodells. Die externe Varianz lässt sich textuell mit Hilfe der Klasse *Requirement* formulieren. Requirements lassen sich analog zu *Assets* als *obligatorisch*, *alternativ* oder *optional* modellieren. Jedem *Requirement* lassen sich wiederum *Parameter* zuordnen, deren Werte nach Konvention zueinander in XOR-Beziehung stehen. Angewandt auf das Fallbeispiel Z3-Kopf (vgl. Kapitel 3.3) ergibt sich exemplarisch folgende Zuordnung:

- Requirement: *Verfahrwege*,
- Parameter: *Schwenkbereich* und
- Values: *0-40*; *0-40/40-130.*

Das Beispiel resultiert aus Kundentypen mit variierenden Anforderungen bzgl. des Werkzeugschwenkbereichs. Abgebildet wird dies über die sich gegenseitig ausschließende Parameterwerte „0-40" für den Standardschwenkbereich und „0-40/40-130" für den erweiterten Schwenkbereich. Eine alternative Möglichkeit besteht darin, den Standardschwenkbereich als obligatorischen Parameter und den erweiterten Schwenkbereich als optionalen Parameter zu modellieren.

Der Bereich (a) des Modells enthält die verallgemeinerte Form eines disziplinspezifischen Merkmalsmodells (*GenericAsset*). Dieser Bereich speichert Informationen zu disziplinspezifischen Merkmalsmodellinstanzen als Liste (d.h. orthogonal zum Modellbereich der externen Varianz (b)). Um die Zuordnung eines verallgemeinerten Merkmalsmodells zur jeweiligen Disziplin (ECAD, MCAD etc.), aus der es ursprünglich stammt, nachvollziehen zu können, wird die Referenz *caxType* (c) genutzt. Die Liste der im Konfigurator verfügbaren CAx Typen lässt sich flexibel erweitern, um bei Bedarf Unterstützung für weitere Disziplinen bieten zu können.

Dieser Modellaufbau ermöglicht eine automatische Überführung der disziplinspezifischen Merkmalsmodelle in das generische Mapping-Modell durch Modelltransformation. Nach diesem Transformationsschritt kann die Verknüpfung zwischen interner und externer Varianz erfolgen (d). Hierfür wird die Referenz *checked* der Klasse *Mapping* genutzt. Für den Wert „0-40/40-130" wird beispielsweise eine Verknüpfung zum *GenericAsset* „Winkelfräskopf" des integrierten MCAD Feature-Modells durch den Benutzer mit Hilfe des Konfigurationswerkzeugs definiert. Dieser Schritt wird analog für alle Disziplinen durchgeführt, bis die Abbildung vollständig ist. Für die Disziplin ECAD wird der *Value* „0-40/40-130“ beispielsweise mit dem *GenericAsset* „3-3-Wegeventil“ verknüpft. (vgl. Kapitel 7.1.2 - Verknüpfung der Merkmalsmodelle).

Während der Durchführung des Mappings durch den Benutzer werden die Informationen der *GenericNodes* sowie der Cross-Tree-Relations dynamisch (online) ausgewertet und genutzt, um Verknüpfungsmöglichkeiten zu sperren, die zu inkonsistenten Konfigurationen führen würden (beispielsweise durch XOR- und Mutex-Relationen). Weiterhin wird die dynamische Auswertung genutzt, um die Vollständigkeit des Mappings zu visualisieren (vgl. Kapitel 7.1.2). Hierbei werden die infolge von AND- und Requires-Beziehungen automatisch zu aktivierenden Assets optisch hervorgehoben. Die Informationen aus dem Mapping-Modell lassen sich somit gezielt nutzen, um die Verknüpfung von externer und interner Varianz effizient und robust zu gestalten. An dieser Stelle ist für zukünftige Weiterentwicklungen auch die Möglichkeit zur Definition von Constraints vorgesehen. So lassen sich beispielsweise mehrere *Values* durch logische Gleichungen miteinander verknüpfen und hierdurch zusätzliche Bedingungen für die Gültigkeit eines *Mappings* angeben.

Zur Realisierung der Auswertungen sind im Metamodell Zustandsvariablen enthalten, die zur Steuerung von Abläufen und der Benutzeroberfläche dienen. Die Zustandsvariablen sind in Abbildung 6.24 (e) abgebildet und werden von den Klassen *Requirement*, *GenericAsset* und *GenericNode* genutzt. Die Bedeutung und Verarbeitung der Zustandsvariablen im Konfigurationsprozess wird im folgenden Kapitel beschrieben.

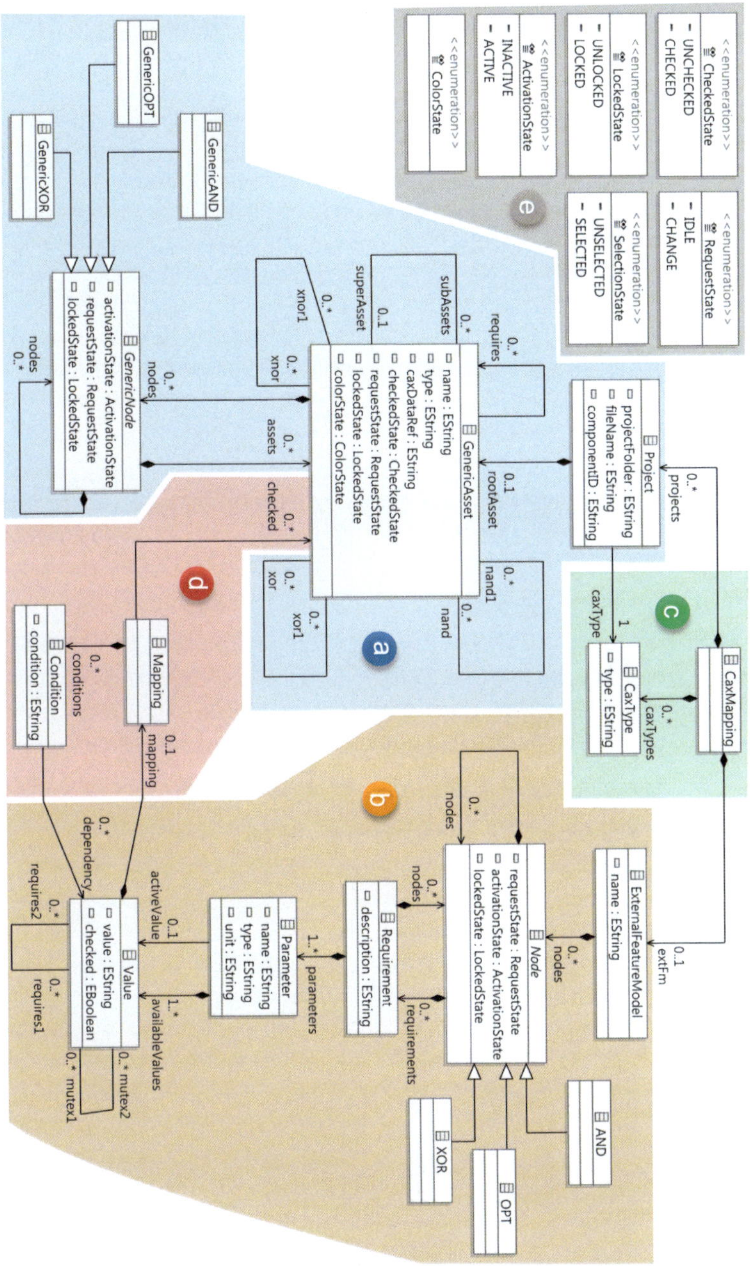

Abbildung 6.24: Metamodell für das Mapping-Modul

Metamodel for the mapping module

6.9 Automatische Verarbeitung der Merkmalsmodelle

Automatic Processing of Feature Models

Das Potenzial von Merkmalsmodellen liegt u. a. in der Anwendung vielfältiger zur Verfügung stehender Auswertungsmethoden, die sowohl die Planungsphase der Produktfamilie als auch die Nutzungsphase des Konfigurators adressieren. Letztere beinhaltet die Modellvalidierung der vom Anwender erstellten Konfiguration gegen das Merkmalsmodell. Für die Sicherstellung der Konsistenz im Konfigurationsmodell lassen sich Offline- und Online-Verfahren unterscheiden. Die Offline-Prüfung erfolgt im Nachgang zur Konfiguration und verfolgt das Ziel, inkonsistente Zustände im Konfigurationsmodell *zu erkennen* und den Benutzer entsprechend zu informieren. Die Online-Validierung hingegen lässt sich einsetzen, um inkonsistente Konfigurationen *zu vermeiden* indem die Eingabemöglichkeiten durch den Benutzer situativ eingeschränkt bzw. automatisiert ergänzt werden und so jederzeit konform zum Merkmals-Modell bleiben.

Insbesondere bei der Konfiguration umfangreicher Modelle führt die Strategie der Fehlervermeidung – im Gegensatz zur Fehlererkennung – zu einer Reduktion von Iterationsschleifen und wird daher als grundlegende Strategie zur effizienten Erstellung konsistenter Modelle bevorzugt.

Folgende Anwendungsfälle ergeben sich für die Interaktion mit dem Konfigurationsteil der Benutzeroberfläche (s. auch Kapitel 7.1.2):

- Konfiguration im disziplinspezifischen Teilmodell zu Testzwecken (insbesondere während der Aufbauphase) und für die Vorbereitung der Individualisierung,
- Definition des Mappings zwischen interner und externer Varianz sowie
- Konfiguration im übergreifenden Modell der externen Varianz zu Testzwecken und für die Auftragsabwicklung.

Die im Konfigurator genutzten Konfigurationsbäume ermöglichen dem Benutzer die Anwahl bzw. Abwahl von Elementen in allen drei Anwendungsfällen. Die grundlegenden Verhaltensweisen des Konfigurators in Bezug auf Benutzeraktionen sind in Tabelle 6.2 zusammengefasst. Hier wird ersichtlich, wie die extrahierten Informationen der Merkmalsmodelle genutzt werden, um den Konfigurationsprozess zu steuern. Wird beispielsweise im disziplinspezifischen Teilbereich des Konfigurators der Winkelfräskopf angewählt, wird automatisch auch der Torque-Motor angewählt, weil beide im Merkmalsmodell unterhalb eines Knotens vom Typ *GenericAND* angeordnet sind.

Tabelle 6.2: Erforderliche Reaktion auf Benutzerinteraktionen beim Konfigurieren

Required reaction against user interaction during the configuration process

Typ des Merkmals-knoten	Erforderliche Reaktion bei der Anwahl und Abwahl von Komponenten (GenericAsset) im Konfigurator	
	Komponente anwählen	Komponente abwählen
AND/OPT	Alle unterlagerten Muss-Komponenten werden rekursiv angewählt. Ausnahme: Zweige unterhalb von XOR- und OPT-Knoten werden ignoriert	Alle überlagerten und unterlagerten Muss-Komponenten werden rekursiv abgewählt. Ausnahme: Zweige oberhalb von OPT und XOR Knoten werden ignoriert
XOR	Geschwister-Knoten unterhalb eines XOR-Knotens werden mit allen unterlagerten Elementen gesperrt, sobald ein Teilzweig aktiviert wird.	Geschwister-Knoten unterhalb eines XOR-Knotens werden mit allen unterlagerten Elementen entsperrt, sobald der aktive Teilzweig deaktiviert wird.
Mutex	Die über *mutex* referenzierten Komponente werden automatisch gesperrt	Die über *mutex* referenzierten Komponente werden automatisch entsperrt
Requires	Die über *requires* referenzierten Komponente werden automatisch angewählt	Die über *requires* referenzierten Komponente werden automatisch abgewählt

Zur Umsetzung des in Tabelle 6.2 beschriebenen Verhaltens wird ein Konzept auf Basis eines Zustandsautomaten genutzt. Zustände werden hierbei durch Zustandsvariablen beschrieben. Für die Zustandsübergänge werden Bedingungen und Aktionen definiert. Die genutzten Zustandsvariablen sind in Abbildung 6.25 aufgeführt und werden vom Mapping-Modul (s. Abbildung 6.24e) implementiert. Die Bedeutung und Anwendung der Zustände werden im Folgenden erläutert:

RequestState beschreibt, ob der Benutzer eine Komponente im Konfigurationsbaum an- oder abwählen möchte (Auslöser ist beispielsweise die Betätigung eines Auswahlfelds mit der Maus). Bei der Detektion einer derartigen Aktion für ein Element im Konfigurationsbaum wird dessen Zustand im Datenmodell von *IDLE* nach *CHANGE* geändert. *CheckedState* beschreibt, ob eine Komponente im Konfigurationsbaum ausgewählt ist. *ActivationState* beschreibt, ob ein *GenericNode,* der im Konfigurationsbaum keine grafische Repräsentation hat, aktiv ist. Inhaltlich ist dieser Zustand gleichbedeutend mit dem *CheckedState* eines *GenericAssets* und dient intern für die Propagation der Informationen in der Modellhierarchie. *LockedState* beschreibt, ob ein Element im Konfigurationsbaum gesperrt ist oder vom Benutzer angewählt werden kann. *ColorState* kann für zukünftige Erweiterungen genutzt werden, um im Konfigurationsbaum weitere Informationen zu visualisieren. Anwendungsmöglichkeiten sind beispielsweise die Erstellung einer Vorschau für Benutzeraktionen, die Anzeige von Cross-Tree-Relations sowie die Kennzeichnung individueller Konfigurationen, die vom Standard abweichen.

<table>
<tr><th rowspan="2">Zustandstyp</th><th rowspan="2" colspan="4">Zustand</th><th colspan="2">Verwendung</th></tr>
<tr><th>Generic Asset</th><th>Generic Node</th></tr>
<tr><td>RequestState</td><td colspan="2">CHANGE</td><td colspan="2">IDLE</td><td>x</td><td>x</td></tr>
<tr><td>CheckedState</td><td colspan="2">CHECKED</td><td colspan="2">UNCHECKED</td><td>x</td><td></td></tr>
<tr><td>ActivationState</td><td colspan="2">ACTIVE
AND XOR OPT</td><td colspan="2">INACTIVE
AND XOR OPT</td><td></td><td>x</td></tr>
<tr><td>LockedState</td><td colspan="2">LOCKED</td><td colspan="2">UNLOCKED</td><td>x</td><td>x</td></tr>
<tr><td>ColorState</td><td>NONE</td><td>RED</td><td>BLUE</td><td>BLACK</td><td>(x)</td><td></td></tr>
</table>

Semantisch überwiegend gleichbedeutend

Abbildung 6.25: Orthogonale Zustände und Subzustände der Merkmalsinstanzmodelle

Orthogonal states and substates of feature instance models

Das oben beschriebene Konzept bildet die Basis für die Umsetzung der automatischen Auswertung mittels einer Rules-Engine. Hierbei werden Übergangsbedingungen und Aktionen als sogenannte Regeln definiert. Für die Herleitung der benötigten Regeln wird zunächst eine grundlegende Klassifizierung in die Zustandsänderungen *Anwählen* und *Abwählen* einer Komponente vollzogen. Parallel wird zwischen der Richtung der Informationsausbreitung in *Aufwärts* und *Abwärts* unterschieden. Die Vorgehensweise zur Ableitung der Regeln wird im Folgenden anhand von Abbildung 6.26 erläutert.

Beim Anwählen einer Komponente im Konfigurationsbaum (vgl. Kapitel 7.1.2) wird zunächst der *RequestState* programmatisch von *IDLE* auf *CHANGE* gesetzt. Befindet sich unterhalb des angewählten *Assets* ein *Node* des Typs *AND*, sind die Bedingungen zur Ausführung der *Regel 1.1* bzw. *0.1* erfüllt. Die Ausführung der Regel soll bewirken, dass das Asset vom Zustand *CHANGE* und *UNCHECKED* in den Zustand *IDLE* und *CHECKED* überführt wird. Der unterlagerte AND-Knoten soll vom Zustand *IDLE* und *INACTIVE* in den Zustand *CHANGE* und *INACTIVE* überführt werden. Dieser Zielzustand ist wiederum Voraussetzung zur Ausführung der *Regel 1.2*, die – bei entsprechender Topologie des Modells – die Startbedingung von *Regel 1.1* als Ergebnis bewirkt. Die zustandsbasierte Modellierung ermöglicht somit eine automatische Propagation des Zustands *CHECKED*. Analog erfolgt die Abwahl von Komponenten im Beispiel mit Hilfe der *Regeln 1.3* und *1.4*.

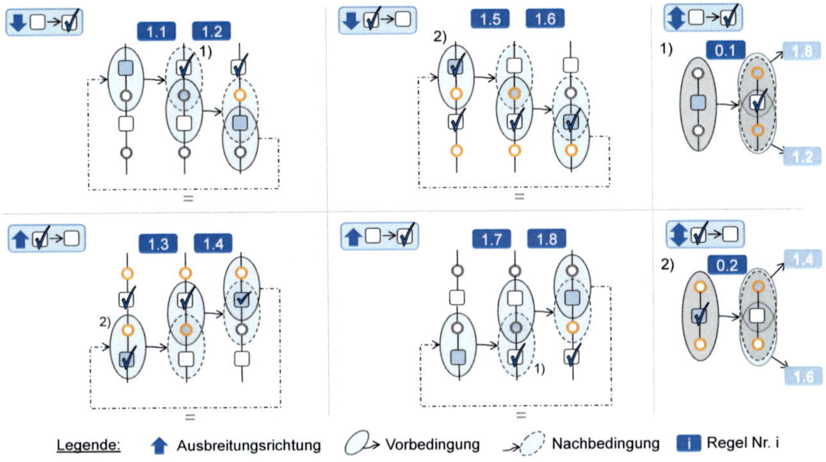

Abbildung 6.26: Beispiel 1: Zustandsübergänge während des Konfigurationsprozesses

Example 1: state transitions during the configuration process

Abbildung 6.27 zeigt exemplarisch die Regel zur Auswertung von Modellzweigen mit XOR-Knoten. Bei der Anwahl eines Zweiges sollen entsprechend Tabelle 6.2 alle parallelen Zweige unterhalb des XOR-Knotens deaktiviert werden. Hierzu ist es erforderlich, den Zustand *LOCKED* durch das Modell zu propagieren. Auch hierbei lässt sich eine gegenseitige Aktivierung der *Regeln 3.2* und *3.3* erzielen. Entsprechend wird bei der Abwahl eines Knotens die Sperrung der Parallelzweige aufgehoben (s. Regel 3.5 bis 3.8).

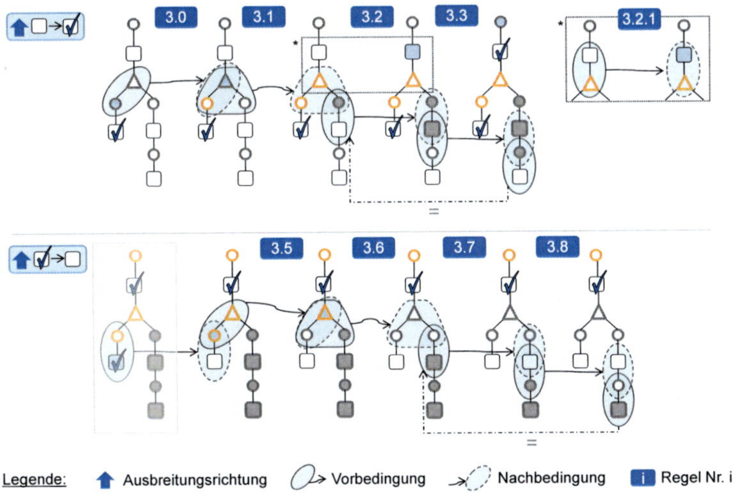

Abbildung 6.27: Beispiel 2: Zustandsübergänge während des Konfigurationsprozesses

Example 2: state transitions during the configuration process

Die exemplarische Implementierung des in Abbildung 6.26 und Abbildung 6.27 dargestellten Verhaltens mittels einer Rules-Engine ist in Anhang A4 beschrieben.

6.10 Algorithmen zur konfigurationsspezifischen Initialisierung der CAx Systeme

Algorithms for Configuration-specific Initialization of the CAx Systems

Das verteilte Konfigurationssystem basiert auf dem effizienten Zusammenspiel von verteilten und zentralen Systemteilen. Aufgabe der Rücktransformation ist die Umwandlung der einheitlichen Konfigurationsbäume im Konfigurationswerkzeug in eine äquivalente Darstellung innerhalb der dezentralen Konfiguratoren. Zur Herleitung der Transformationen werden im Folgenden drei Anwendungsfälle identifiziert, formalisiert und die Implementierung für den fokussierten Fall des geschlossenen Konfigurators vorgestellt.

6.10.1 Ansatz

Approach

Für die Konfiguration der CAx Projektdaten lassen sich drei primäre Anwendungsfälle identifizieren:

- Fall1: *Konfiguration im geschlossenen Baukasten*,
- Fall2: *Konfiguration im offenen Baukasten* sowie
- Fall 3: *Konfiguration mit Vorbereitung der Individualisierung*.

Fall 1 ist der primäre Anwendungsfall, der durchgehend untersucht wird, während Fall 2 und 3 ausschließlich konzeptionell betrachtet werden.

Alle Fälle erfordern spezifische Fähigkeiten der CAx Werkzeuge, wie dem Aktivieren vordefinierter Konfigurationen oder dem Erzeugen neuer Konfigurationen. Zur einheitlichen Umsetzung des Konzepts wurden daher generische Kommandos zur Abdeckung aller drei Fälle definiert, die eine effiziente werkzeugspezifische Implementierung ermöglichen. Im Metamodell zum Nachrichtenaustausch (vgl. Abbildung 7.10) sind dies beispielsweise das Element *CONFIGURATION* der Enumeration *CommandType* in Verbindung mit dem Element *SET* der Enumeration *ActionType*. Die konkreten zu aktivierenden *Konfigurationen* (MCAD) bzw. *Optionen* (ECAD) werden über die Liste *CommandParameter* als String angegeben. Die zu realisierenden Transformationen wandeln somit den *disziplinspezifischen Teil eines Konfigurationsmodells* in ein Modell vom Typ *RequestMessage* um. Dieses wird dann über Webservices an das jeweilige CAx Werkzeug übertragen und von diesem sequenziell abgearbeitet.

Die Transformation basiert im Wesentlichen auf einer vergleichenden Suche zwischen den konfigurationsspezifischen Komponenten im CAx Werkzeug und den vom Benutzer konfigurierten Komponenten.

6.10.2 Formalisierung

Formalisation

Für die im vorherigen Kapitel definierten drei Anwendungsfälle werden im Folgenden Algorithmen als Grundlage zur Implementierung in QVTo hergeleitet:

Algorithmus 1 (Konfiguration im geschlossenen Baukasten)

Finde und aktiviere die Wurzel-Konfiguration(en), für die gilt:

Bedingung B1: *Die Menge aller unterlagerten (d.h. von der Konfiguration abhängigen) Komponenten ist identisch mit der Menge der angewählten Komponenten.*

Der Algorithmus basiert somit auf einem Mengenvergleich nach Anzahl und Art der Komponenten. Es wird im CAx spezifischen Datenmodell diejenige(n) Konfiguration(en) bzw. Option(en) ermittelt, die exakt der durch das zentrale Konfigurationsmodell spezifizierten Komponenten entspricht. Die Treffer werden durch das Transformationsskript in ein Modell vom Typ *Request Message* geschrieben. Die Implementierung für Algorithmus 1 ist auszugsweise in Anhang A3 dargestellt.

Der zweite Anwendungsfall geht davon aus, dass die Konfigurationen im CAx Werkzeug unvollständig (beispielsweise nur auf Komponentenebene) vorliegen und an zentraler Stelle weitere Ergänzungen oder Änderungen (z.B. CTR oder Wechsel des Merkmalstyps) durchgeführt wurden bzw. die automatische Auswertung der Merkmalsmodelle unterdrückt wird, so dass sich auch zuvor nicht definierte Konfigurationen spezifizieren lassen. Diese Abweichung erfordert eine individuelle Anpassung der Projektstruktur *im CAx Werkzeug*. Die Anpassung betrifft ausschließlich die Datenstrukturen der konfigurationsspezifischen Klassen (d.h. es werden beispielsweise keine neuen Assemblies zusammengesetzt). Ein möglicher Ansatz zur Lösung der Aufgabe im MCAD wird durch folgenden Algorithmus beschrieben:

Algorithmus 2 (Konfiguration im offenen Baukasten)

```
Z1:  wenn B1 nicht erfüllt, dann
Z2:      erzeuge und aktiviere neue Konfiguration (mit Kennzeichnung „generated“)
Z3:      begrenze Suchtiefe auf eine Ebene
Z4:      wenn B1 nicht erfüllt, dann
Z5:          aktiviere erforderliche Unterkomponenten
Z6:          deaktiviere Suchtiefenbegrenzung (volle Suchtiefe)
Z7:              für jede Unterkomponente:
Z8:                  wenn B1 erfüllt, dann
Z9:                          aktiviere Konfiguration
Z10:                 sonst: weiter mit Z2
```

Ist Bedingung B1 nicht erfüllt (Zeile 1), wird eine neue Konfigurationen mit Kennzeichnung „generated“ erzeugt, so dass sich diese von den manuell durch den Benutzer erstellten Konfigurationen unterscheiden lassen (Zeile 2). In Zeile 3 wird die Suchtiefe auf eine Ebene der Produkthierarchie beschränkt (Zeile 3) und erneut die Bedingung B1 geprüft (Zeile 4). Ist B1 nicht erfüllt, werden die geforderten Unterkomponenten aktiv geschaltet, d.h. der generierten aktiven Konfiguration zugeordnet (Zeile 5). In Zeile 6 wird die Suchtiefenbegrenzung wieder aufgehoben und für jede Unterkomponente erneut die Bedingung B1 geprüft. Zeile 8 und 9 entsprechen Algorithmus 1 auf einer unterlagerten Ebene. Ist B1 hier nicht erfüllt, erfolgt der Rücksprung in Zeile 2. Durch die rekursive Bearbeitung ist nach vollständigem Durchlauf sichergestellt, dass auf oberster Ebene für die dort generierte Wurzelkonfiguration Bedingung B1 erfüllt ist.

Der dritte Anwendungsfall ergibt sich, wenn für Komponenten bereits während der Konfiguration die bevorstehende Anpassung ersichtlich ist und ggf. eine Änderungsspezifikation vorliegt. Dieser Fall wird durch Algorithmus 3 adressiert. Ziel ist die Kennzeichnung der zu modifizierenden Komponenten in der Gesamtansicht. Um die bestehenden Produktfamilienmodelle nicht zu verändern, werden hierzu Kopien der zu modifizierenden Komponenten innerhalb der jeweils übergeordneten Komponente angelegt (Zeile 1 bis 3). Die neu angelegten Komponenten werden mit Mitteln des jeweiligen Engineering-Systems optisch hervorgehoben (beispielsweise durch farbliche Markierung), als „zu modifizieren“ gekennzeichnet und mit der ID der Anforderungsspezifikation versehen (Zeile 4). Im Konfigurationsmodell wird das zugrundeliegende Original durch die kopierte Instanz ersetzt (Zeile 5). Um die neue Variante in den Engineering-Werkzeugen zu erzeugen, wird Algorithmus 2 angewandt (Zeile 6).

Algorithmus 3 (Konfiguration mit Vorbereitung für Individualisierung)

Z1: *für jede zu modifizierende Komponente*

Z2: *öffne übergeordnete Komponente*

Z3: *füge Kopie der zu modifizierenden Instanz ein*

Z4: *kennzeichne Kopie (modifiziertes Erscheinungsbild, Kennzeichnung „ETO“ und Verknüpfung mit Anforderungs-ID)*

Z5: *ersetze in Soll-Produktstruktur (aus Konfigurationsmodell) den ursprünglichen Namen mit dem neu erzeugten*

Z6: *starte Algorithmus 2*

7 Realisierung und Bewertung

Realization and Evaluation

7.1 Realisierung des Konfigurationssystems

Realization of the Configuration System

7.1.1 Eingesetzte Technologien und Werkzeuge

Used Technologies and Tools

Das verteilte Konfigurationssystem wurde nach der im vorherigen Kapitel vorgestellten Architektur mit den beschriebenen Funktionen als *Eclipse Rich Client Platform* Applikation (RCP) umgesetzt. Die CAx Stationen für MCAD und ECAD wurden mit Webservice-Schnittstellen auf Basis des Microsoft IIS (ASP.NET Projekt in C# unter Microsoft Visual Studio) erweitert und kommunizieren via Mule ESB mit dem Konfigurator. Die einzelnen CAx Applikationen wurden mit API-Applikationen erweitert, die die Brücke zwischen den Datenmodellen der CAx Anwendungen und dem Webservice darstellen.

Im ESB wurde eine zentrale Registrierung für CAx Applikationen (Apache CXF / Java) implementiert und als Webservice zugänglich gemacht. Jede CAx Station meldet sich beim Start an der Registrierung an und beim Beenden wieder ab. Vom Konfigurationswerkzeug aus lässt sich jede angemeldete Station für das Auslesen und Setzen von Konfigurationen anwählen. Eine zentrale Projektverwaltung speichert die Projektdaten einschließlich aller generierten Artefakte (Mapping-Modell etc.). Die disziplinübergreifenden Produktfamilienmodelle lassen sich somit inkrementell aufbauen und beliebig oft für die Konfiguration von Varianten nutzen. Im ESB wurde die Möglichkeit zur dynamischen Endpunktauflösung genutzt, um den Konfigurator von den einzelnen CAx Stationen zu entkoppeln.

Der Konfigurator ist durch eine Plugin-Struktur modular aufgebaut. Neue Disziplinen lassen sich auf strukturierte Weise mit Hilfe von Templates hinzufügen. Die gesamte Benutzeroberfläche passt sich automatisch an die vorhandenen Disziplinen an. So werden beispielsweise sämtliche Reiter, Sichten-Auswahl und Drop-Down-Menüs automatisch um die Anzahl der angelegten Disziplinen mit den entsprechenden Namen (*disciplineID*) beim Start der Applikation initialisiert.

Die Funktionen des ESB sind vollständig generisch aufgebaut, so dass beim Hinzufügen weiterer Disziplinen keinerlei Anpassungen der Middleware erforderlich sind.

Die Modelltransformationen basieren auf *OMG QVT Operational Mappings (QVTo)*, das Bestandteil des *Eclipse Modeling Project* ist. Alle Transformationen folgen einer einheitlichen Nomenklatur und werden vom Kern der Applikation programmatisch über die QVT Laufzeitumgebung eingelesen und automatisch ausgeführt. Dieser Aufbau ermöglicht die Modifikation der Transformationen zur Laufzeit, was die Inbetriebnahme vereinfacht.

Für die grafischen Editoren wurde das *Graphical Modeling Framework* (GMF) in Verbindung mit dem unterstützenden Projekt *Eugenia* verwendet. Letzteres automatisiert mit Hilfe einer textuellen DSL die Erstellung der Diagrammeditoren. Die Verknüpfung zwischen den Merkmals-Metamodellen (interne und externe Varianz) und den grafischen Symbolen im Diagramm lässt sich auf diese Weise effizient beschreiben. Die Editoren werden von Eugenia als Plugins generiert und lassen sich entsprechend der standardisierten Nomenklatur des Konfigurators in die Hauptapplikation als Modul einbinden.

Die Regeln zur interaktiven Steuerung der Konfigurationsbäume wurden mit JBoss Drools erstellt. Die Laufzeitumgebung wurde als Kern-Komponenten in den Konfigurator integriert.

Im Folgenden werden die Hauptbestandteile des Konfigurationssystems vorgestellt.

7.1.2 Zentrales Konfigurationswerkzeug

Central Configuration System

Das zentrale Konfigurationswerkzeug ist eine prototypische Implementierung zur Untersuchung des verteilten Konfigurationsansatzes. Durch den modularen Aufbau auf Basis der *Eclipse Rich Client Platform* (RCP) ist eine flexible Erweiterung um neue Disziplinen über Plugins möglich. Das Werkzeug unterstützt den Benutzer sowohl in der auftragsneutralen Erstellung konfigurierbarer Produktfamilienmodelle als auch bei der synchronisierten Konfiguration während der Validierungsphase und der Auftragsabwicklung. Im Folgenden werden ausgehend von einer Übersicht der primären Bedieneroberflächen die einzelnen Arbeitsbereiche vorgestellt.

Übersicht

Abbildung 7.1 zeigt die unterschiedlichen Sichten des Konfigurationswerkzeugs. Eclipse RCP ermöglicht die Definition von Perspektiven, mit deren Hilfe sich Elemente der Bedienoberfläche, wie Editoren und Menüleisten, gezielt ein- und ausblenden lassen. Das Konfigurationswerkzeug bietet disziplinspezifische und -übergreifende Perspektiven. Letztere beinhaltet Funktionen zur Modellierung der externen Varianz (1). Darauf aufbauend erfolgt der Aufbau der Konfigurationen innerhalb der CAx Werkzeuge. Durch Spezifikation der Kommunikationswege (Projektverwaltung) lassen sich die CAx Daten aus den verteilten Arbeitsstationen über eine Serviceorientierte Architektur für jede Disziplin separat auslesen, in Merkmalsmodelle umwandeln und grafisch darstellen (2). In diesem Schritt findet bereits die Transformation in das übergeordnete Modell (vgl. Kapitel 6.8, Abbildung 6.24) statt. Die Verknüpfung der disziplinspezifischen Merkmalsmodelle erfolgt mit Hilfe einer Matrix (3). Eine weitere Perspektive ermöglicht die synchronisierte Konfiguration aller einzelnen Disziplinen mit Hilfe des Modells der externen Varianz (4).

Die einzelnen Teilbereiche werden im Folgenden detailliert beschrieben.

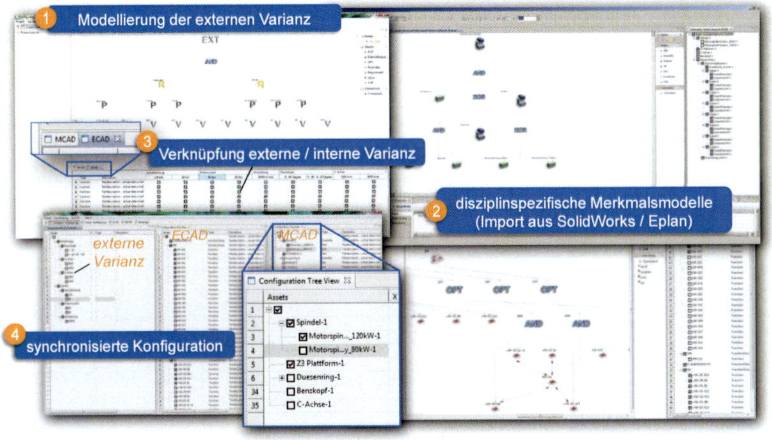

Abbildung 7.1: Perspektiven im Konfigurationswerkzeug

Perspectives of the configuration tool

Editor zur Definition der externen Varianz

Die Modellierung der externen Varianz erfolgt mit Hilfe eines prototypischen Editors, der das Anlegen eines einfachen Merkmalsmodells ermöglicht. Abbildung 7.2 zeigt als Beispiel den Parameter Raumkegel unterhalb der Anforderungsgruppe Verfahrwege. Für den Raumkegel sind zwei Wertebereiche angegeben (*0-40°* sowie *0-40° / 40-130°)*, die in XOR-Beziehung zueinander stehen. Eine weitere Anforderungsgruppe bildet die Palettengröße oder die maximale Dimension des Werkstücks. Einzelne Parameter sind beispielsweise Höhe und Breite.

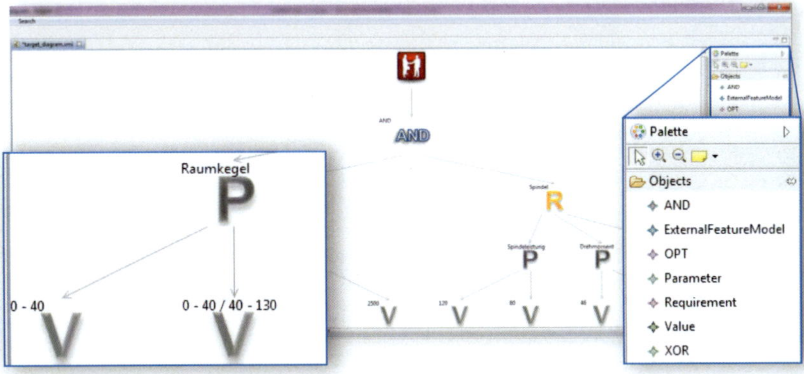

Abbildung 7.2: Merkmalsmodelleditor zur Definition der externen Varianz

Feature model editor for the definition of the external variety

Merkmalsmodelleditor und Konfigurationsbaum für MCAD

Der Merkmalsmodelleditor der mechanischen Konstruktion ist in Abbildung 7.3 dargestellt. Der linke Teil zeigt die grafische Repräsentation des transformierten Modells, der rechte Teil zeigt einen entsprechenden Baumeditor, der automatisch aus dem Modell (unter Berücksichtigung der Hierarchie der Assets) erzeugt wird. Die Konfiguration ermöglicht den Test der jeweiligen Disziplin und unterstützt den Entwickler beim Aufbau der Produktfamilie im jeweiligen CAx System. Durch Auswertung der Merkmalsknoten werden Teile des Editors automatisch gesperrt, wenn es sich um XOR-Relationen oder Mutex-Beziehungen handelt, und automatisch aktiviert, wenn es sich um Assets unterhalb von AND-Knoten handelt (vgl. Kapitel 6.9). Der Editor ist so konzipiert, dass eine Ergänzung des extrahierten Modells um zusätzliche CTR möglich ist.

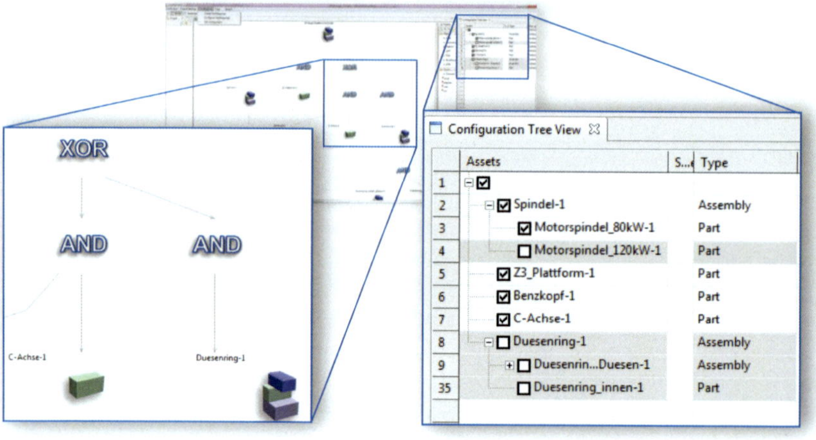

Abbildung 7.3: Merkmalsmodelleditor und Konfigurationsbaum für MCAD

Feature model editor and configuration tree for MCAD

Merkmalsmodelleditor und Konfigurationsbaum für ECAD

Die Editoren der elektrischen Konstruktion folgen dem generischen Muster und sind identisch aufgebaut wie die der mechanischen Konstruktion. Das Beispiel aus Abbildung 7.4 zeigt, wie entsprechende Bereiche der XOR-Gruppen automatisch gesperrt werden, so dass ausschließlich gültige Konfigurationen erstellt werden können.

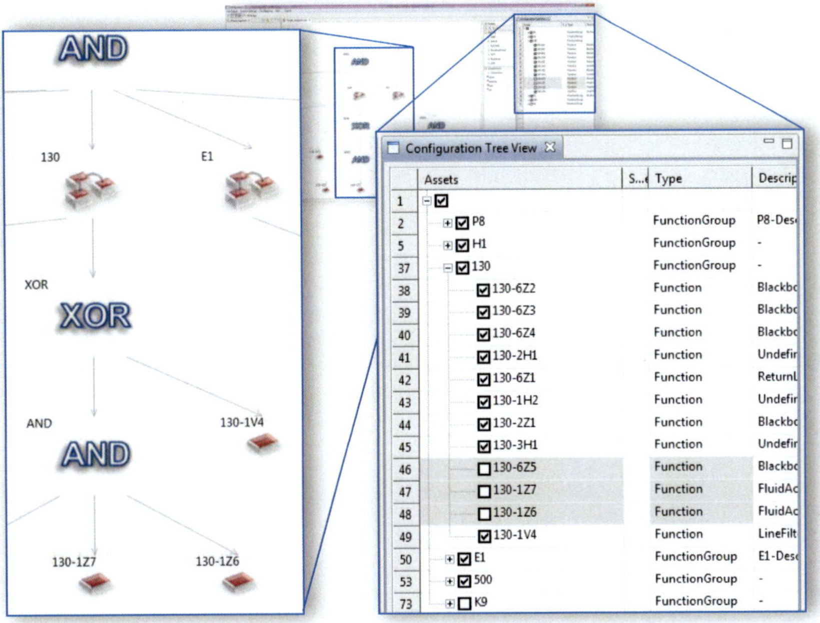

Abbildung 7.4: Merkmalsmodelleditor und Konfigurationsbaum für ECAD

Feature model editor and configuration tree for ECAD

Verknüpfung der Merkmalsmodelle

Die Verknüpfung von interner und externer Varianz erfolgt mit Hilfe einer Matrix. Die Spaltenbeschriftung entspricht den Werten des Merkmalsmodells der externen Varianz. Die erste Spalte entspricht vollständig dem Baumeditor der Einzeldisziplinen. Über Reiter lässt sich die Disziplin wechseln, wobei die Kopfzeilen der Matrix unverändert bleiben. Diese Architektur entspricht dem orthogonalen Ansatz, bei dem die Synchronisation der Einzeldisziplinen über die externe Varianz erfolgt. Um den Benutzer bei der manuellen Zuordnung zu unterstützen, werden die disziplinspezifischen Merkmalsmodelle dynamisch ausgewertet, sobald der Benutzer einen Haken gesetzt hat. Elemente aus XOR-Gruppen oder Mutex-Beziehungen werden rot dargestellt, während automatisch aktivierte Elemente aus AND-Beziehungen grün gefärbt werden. So wird der Benutzer dabei unterstützt, vollständige und konsistente Konfigurationen zu definieren.

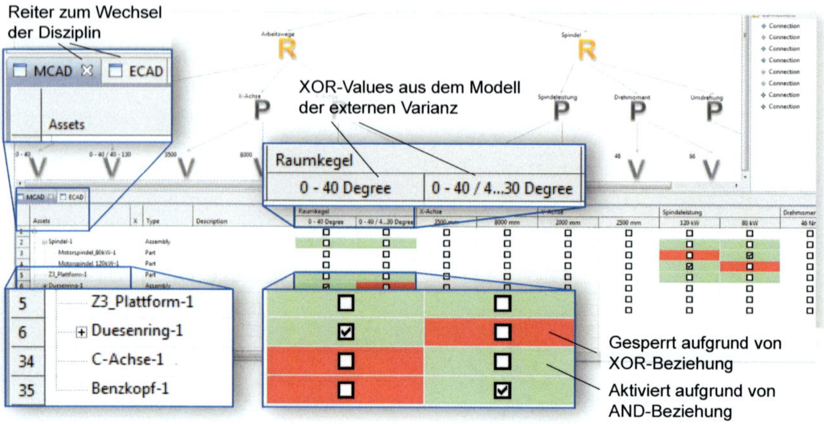

Abbildung 7.5: Verknüpfung von externer und interner Varianz durch Konfigurationsmatrix

Linkage of external and internal variety using a configuration matrix

Das Mapping über eine Konfigurationsmatrix entspricht der Definition von *Requires*-Beziehungen zwischen den externen und den internen Assets. Um die Machbarkeit zu zeigen, ist dieser Schritt an dieser Stelle zunächst ausreichend. Für einen produktiven Einsatz ist jedoch zusätzlich die Angabe von Constraints erforderlich, die die externen Features miteinander in Beziehung setzen. Eine derartige Erweiterung ist mit der vorliegenden Architektur kompatibel.

Synchrone Konfiguration

Für die synchronisierte Konfiguration werden alle Baumeditoren nebeneinander angeordnet. Links ist der Editor der externen Varianz zu sehen (1). Rechts folgen die Editoren der Einzeldisziplinen (2; 3). Die Konfiguration erfolgt mit Hilfe des Editors der externen Varianz, der einer Vertriebssicht entspricht. Durch dynamische Auswertung der Mappings werden die Merkmalsmodelle der internen Varianz automatisch konfiguriert und die Editoren entsprechend angesteuert. Der Zustand der *GenericAssets* (vgl. 6.8, Abbildung 6.24: *SelectionState*) wird durch die Baumeditoren – dem Model-View-Controller-Muster entsprechend – visualisiert, je nachdem, ob die Komponente genutzt werden soll oder nicht.

Die hierdurch spezifizierten Konfigurationen für die Einzeldisziplinen bilden die Grundlage für die Rückwärtstransformation, bei der die erforderlichen proprietären „Schalter" innerhalb der datenintegrativen Konfiguratoren identifiziert und aktiviert werden. Eine exemplarische Anwendung des Prinzips ist im Anhang B1 dargestellt.

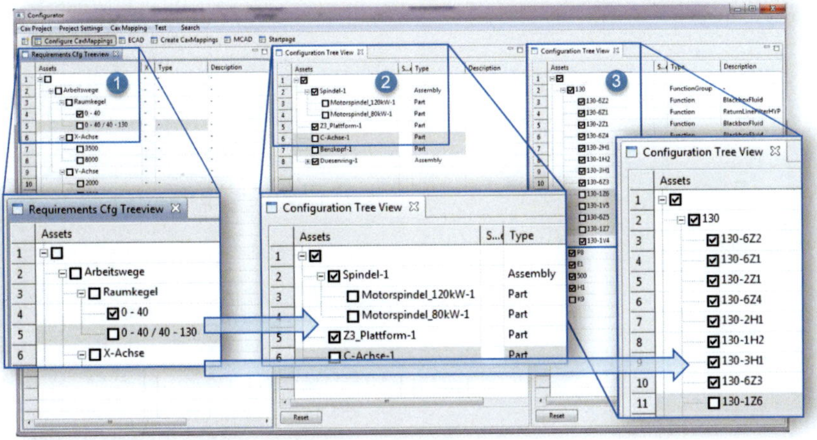

Abbildung 7.6: Perspektive zur synchronisierten Konfiguration

Perspective for synchronized configuration

Abbildung 7.7 zeigt exemplarisch das Umschalten der Disziplinen im Prüfstand bestehend aus Konfigurationsrechner, zwei CAx Stationen (MCAD und ECAD) sowie einem Rechner für den ESB.

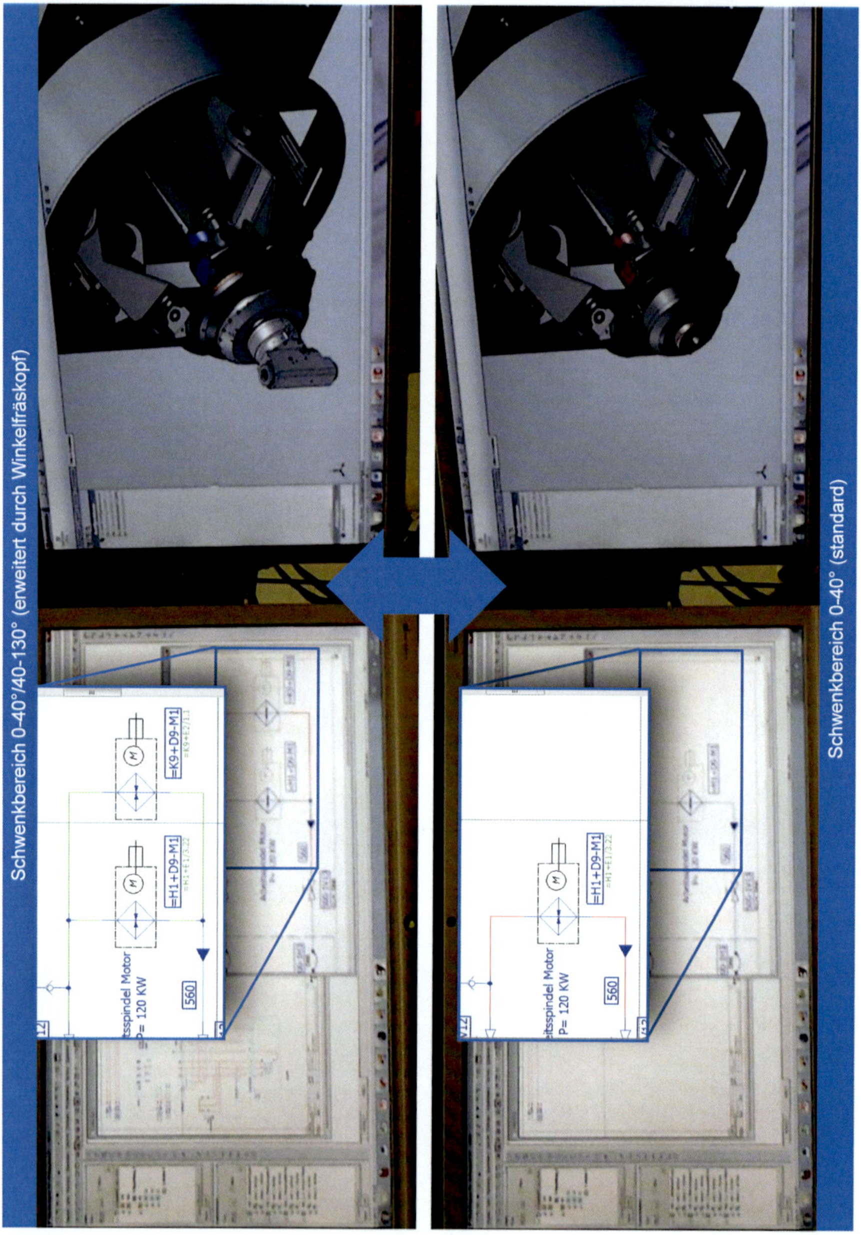

Abbildung 7.7: Synchronisierte Konfiguration für die Variante „Winkelfräskopf"

Synchronized configuration for the variant "Angular Head"

7.1.3 Systemintegration

System Integration

Die technischen Schnittstellen des verteilten Konfigurationssystems basieren auf einer Service-orientierten Architektur (SOA) unter Einsatz eines sogenannten Enterprise Services Bus (ESB). Die Kommunikation zwischen den heterogenen Teilsystemen erfolgt über Webservices auf Basis des SOAP[30]-Protokolls.

Die Kommunikationsstruktur ist generisch aufgebaut und unterstützt folgende Leistungsmerkmale:

- An- und Abmelden einzelner CAx Arbeitsstationen an einer zentralen Registrierungsstelle,
- Auswahl einer aktiven Station im Konfigurator (für jede zu bearbeitende Disziplin) auf Basis der Daten in der zentralen Registrierung sowie
- dynamische Endpunkt-Auflösung zwischen Konfigurator und CAx Stationen mit Hilfe spezifischer Funktionen des ESB *Mule*.

Die beschriebenen Funktionen werden im Folgenden anhand von Abbildung 7.8 erläutert.

Im technischen Teil des Kommunikationsverbundes lassen sich drei Bereiche identifizieren: Die CAx Stationen, der ESB sowie das Konfigurationswerkzeug. Die CAx Stationen verfügen über eine Webservice-Schnittstelle, mit deren Hilfe eingehende Nachrichten an die Programmierschnittstelle (engl.: *Application Programming Interface*, API) des jeweiligen Werkzeugs weitergeleitet werden. Weiterhin verfügen die Stationen über einen Webservice-Client, der das Anmelden an der zentralen Registrierung ermöglicht.

Der ESB Mule ermöglicht die parallele Ausführung benutzerdefinierter Prozesse (sogenannte Flows). Im vorliegenden Fall wird nur ein einziger Flow benötigt, der eine eingehende Schnittstelle für den Konfigurator, eine ausgehende Schnittstelle für die CAx Stationen und eine interne Schnittstelle für den Zugriff auf die Registrierungsstelle definiert.

Das Konfigurationswerkzeug verfügt über zwei Clients: einer für Anfragen an die Registrierungsstelle, ein anderer für die Kommunikation mit den CAx Werkzeugen (via ESB). Der Konfigurator verfügt über ein Kommunikationsmodul und eine Projektverwaltung. Für jedes Projekt werden beispielsweise die aktive Station sowie das Wurzelelement der abzurufenden CAx Daten ausgewählt und im Datenmodell der Projektverwaltung gespeichert.

---

[30] "SOAP Version 1.2 (SOAP) is a lightweight protocol intended for exchanging structured information in a decentralized, distributed environment. It uses XML technologies to define an extensible messaging framework providing a message construct that can be exchanged over a variety of underlying protocols. The framework has been designed to be independent of any particular programming model and other implementation specific semantics." [SOAP07]

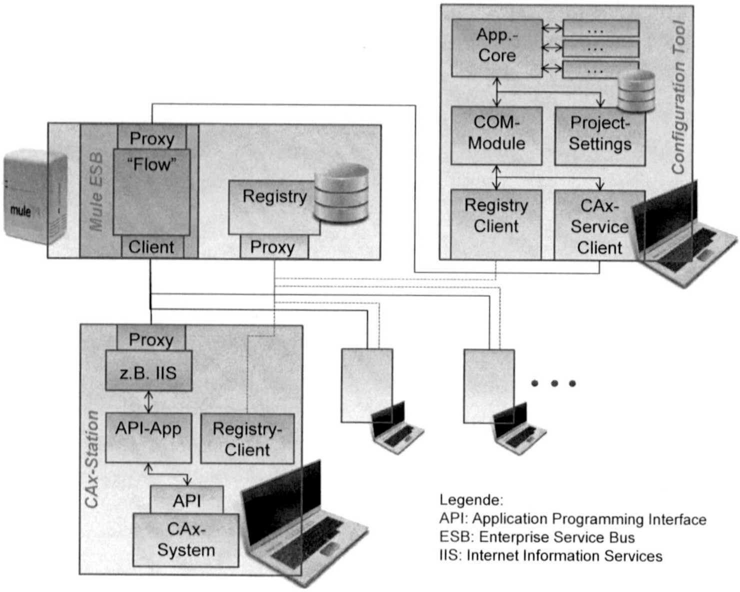

Abbildung 7.8: Service-orientierte Architektur des verteilten Konfigurationssystems

Service-oriented architecture of the distributed configuration system

Abbildung 7.9 zeigt das Verhalten des Webservices innerhalb einer CAx Station bei der Abarbeitung einer Query, ausgehend vom Client des Konfigurationswerkzeugs. Als Webservice Laufzeitumgebung kommt bei C#-basierten APIs Microsoft Internet Information Services (IIS) zum Einsatz. Bei Java-basierten APIs wird beispielsweise Apache Axis2 oder CXF verwendet. Vorteil des IIS liegt darin, dass dieser bereits integraler Bestandteil von MS Windows ist und daher eine tiefe Einbettung der Webservices in die CAx Stationen ermöglicht, ohne dass zusätzliche Software erforderlich ist. Als Design-Ansatz wurde eine Trennung zwischen Webservice-Teil und API-Teil vorgenommen. Die Kommunikation zwischen beiden Teilen erfolgt dateibasiert auf Basis von XML. Vorteile dieser Kapselung sind beispielsweise die einfache Testbarkeit, Diagnosemöglichkeit und der kontrollierte Zugriff. Der gesamte Ablauf zum Auslesen von Daten aus dem CAx System über den Webservice gestaltet sich wie folgt: Nach dem Eingang der Nachricht wird zunächst durch die Webservice Laufzeitumgebung eine Service-Instanz erzeugt. Mit Hilfe von Filesystem-Watchern erfolgt die Datenübertragung zur lokalen Anwendung, welche die API der CAx Applikation ansteuert. Innerhalb der Queries werden standardisierte Methoden verwendet, die durch die API-Applikation implementiert werden. Nach Rückgabe über den Filesystem-Watcher leitet der ESB die Daten schließlich automatisch an das Konfigurationswerkzeug zurück, welches die Weiterverarbeitung (Modelltransformationen[31] etc.) durchführt.

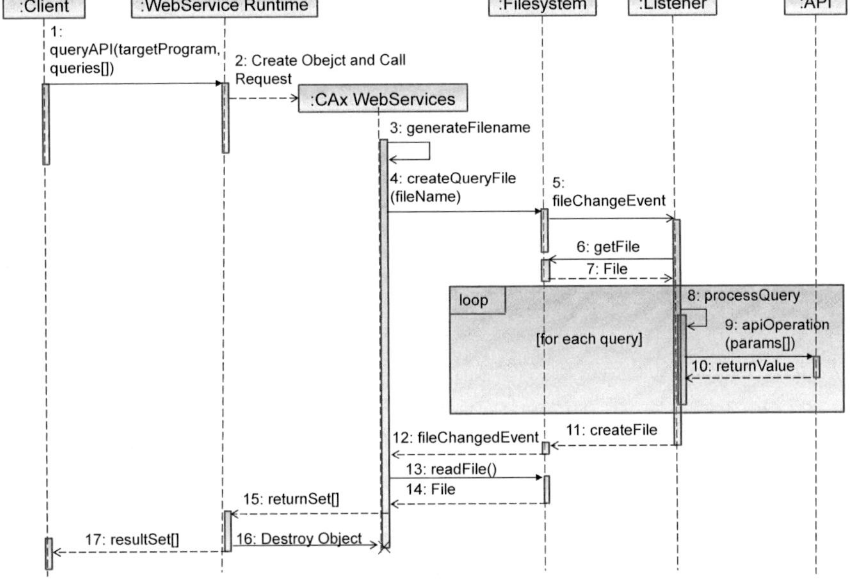

Abbildung 7.9: Kommunikation zwischen Webservice-Schnittstelle und CAx System API

Communication between web service interface and CAx station API

Abbildung 7.10 zeigt das zugrundeliegende Datenmodell für die Nachrichten zwischen Konfigurationswerkzeug und CAx Station (via ESB). Eine Anfrage (Request-Message) richtet sich immer an eine CAx Station. Neben einer Liste einzelner Anfragen (Queries) wird die IP-Adresse übertragen, die vom ESB für die dynamische Endpunkt-Auflösung benötigt wird. Wichtige Parameter einer Query sind die Aktion (action) und das Kommando (command). Aktionen sind beispielsweise das Holen von Werten (GET), das Schreiben (SET) und das Erstellen neuer Konfigurationen (CREATE). Kommandos kennzeichnen weiterhin die Art der angefragten Daten (CommandType). Beispiele sind Eigenschaftswerte (PROPERTIES) wie Massen, Trägheitsmomente und Konfigurationsbeschreibungen (CONFIGURATION).

[31] Prinzipiell lassen sich die Modelltransformationen an drei Stellen implementieren: in den CAx Stationen, in der Zwischenebene (ESB) oder im Konfigurationswerkzeug. Aus Gründen der einfacheren Implementierung wurde hier letztere Option gewählt. Für zukünftige Arbeiten sollte die Schnittstelle jedoch in die CAx Stationen verlagert werden, so dass sich direkt Merkmals- und Konfigurationsmodelle über eine Webservice-Schnittstelle austauschen lassen. Das Konfigurationswerkzeug würde sich dadurch signifikant vereinfachen.

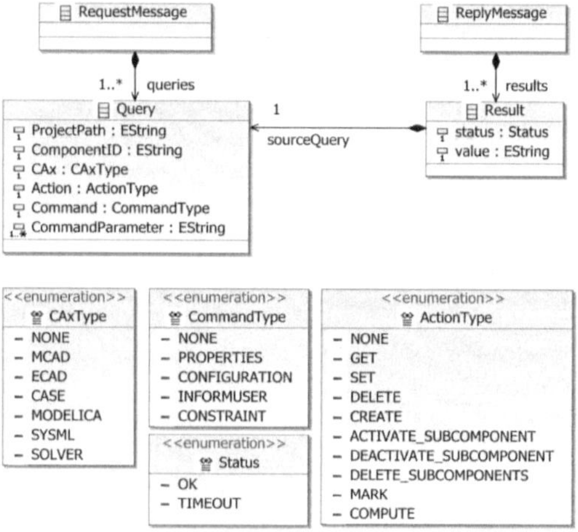

Abbildung 7.10: Nachrichtenmodell zur Kommunikation mit verteilten CAx Werkzeugen

Message model for communication with distributed CAx tools

7.2 Bewertung der Ergebnisse

Die Bewertung des Ansatzes erfolgt zunächst anhand der in Kapitel 6.1 aufgestellten Anforderungen. Im Anschluss wird das Gesamtkonzept kritisch diskutiert.

7.2.1 Bewertung anhand der Anforderungen

Evaluation against Requirements

A1: Die Abbildung zwischen interner und externer Varianz muss mit möglichst geringem Aufwand (idealerweise automatisiert) erzeugt werden.

Bewertung:

Die Abbildung zwischen interner und externer Varianz wurde durch eine Konfigurationsmatrix mit booleschen Verknüpfungen realisiert. Diese entsprechen einer *Requires-Beziehung* in klassischen Feature-Modellen. Durch automatische Auswertung des Merkmalsmodells bereits während der manuell durchzuführenden Verknüpfung werden Inkonsistenzen vermieden. Durch farbliche Markierung beim Mapping hat der Benutzer stets die Übersicht über die Vollständigkeit des Mappings.

Die Anforderung gilt somit als erfüllt.

A2: Die innerhalb der proprietären Datenstrukturen kodierte Varianz soll automatisiert in eine einheitliche menschen- und maschinenlesbare Form überführt werden.

Bewertung:

Das entwickelte Verfahren zur Merkmalsmodellsynthese ermöglicht eine einheitliche formalisierte Darstellung von variantenreichen Datenstrukturen in einem grafischen Editor. Durch die grafische Darstellung der disziplinspezifischen Modelle kann der

Benutzer die variantenbehafteten Bereiche lokalisieren und die Kombinationsmöglichkeiten nachvollziehen. Durch die Architektur des zugrundeliegenden Metamodells lassen sich die generierten Modelle trotz disziplinspezifischer Erweiterungen in ein gemeinsames generisches Metamodell überführen und von dort durch ein globales Regelwerk interaktiv steuern.

Die Anforderung gilt somit als erfüllt.

A3: Der Benutzer soll beim Konfigurieren möglichst umfassend unterstützt werden, so dass inkonsistente Konfigurationen vermieden werden.

Bewertung:

Auf Basis des übergeordneten Merkmalsmetamodells und der darauf angewandten globalen Konfigurationsregeln ist eine interaktive Konfiguration möglich, die inkonsistente Konfigurationen durch Autovervollständigung und dynamische partielle Einschränkung der Auswahlmöglichkeiten im Editor verhindert. Die Reihenfolge der Konfiguration spielt hierbei keine Rolle.

Die Anforderung gilt somit als erfüllt.

Zusammenfassend lässt sich sagen, dass die Anforderungen A1-A3 erfüllt werden konnten.

7.2.2 Validierung der Forschungshypothese

Im Folgenden wird auf die in Kapitel 3.1 aufgestellte Forschungshypothese Bezug genommen. Der erste Teilaspekt der Hypothese adressiert die Transformation in Merkmalsmodelle:

Die beiden betrachteten Typen von CAx Systemen, ECAD und MCAD, weisen deutliche Unterschiede in ihren Datenstrukturen auf. Während in der Elektrokonstruktion die funktionale Struktur führend ist, sind die Modelle in der mechanischen Konstruktion physisch orientiert aufgebaut. Es konnte gezeigt werden, dass Merkmalsmodelle die Möglichkeit bieten, den disziplinspezifischen hierarchischen Aufbau von Datenstrukturen abzubilden und Varianz-beschreibende Knoten zwischenzuschalten. Es konnte weiterhin gezeigt werden, dass sich der Bezug zwischen Merkmalsmodell und der jeweils zugrundeliegenden Datenstruktur automatisch mittels extrahierten Referenzen herstellen lässt. Aufgrund der unterschiedlichen Datenstrukturen der betrachteten Disziplinen liegt der Schluss nahe, dass sich beliebige CAx Werkzeuge, die über datenintegrative Konfiguratoren verfügen, auf diese Weise vorwärtstransformieren lassen. Es konnte weiterhin gezeigt werden, dass eine Rückwärtstransformation aus einem disziplinspezifischen Konfigurationsmodell in ein Instanzmodell der jeweiligen Disziplin möglich ist. Es liegt hier der Schluss nahe, dass auch die Rückwärtstransformation auf beliebige CAx Systeme mit datenintegrativen Konfiguratoren anwenden lässt.

Der zweite Teilaspekt der Hypothese adressiert die synchronisierte Konfiguration mittels Merkmalsmodell der externen Varianz:

Anhand des Fallbeispiels konnte gezeigt werden, dass sich die externe Varianz als übergreifende Klammer zur synchronisierten Konfiguration heterogener CAx Systeme nutzen lässt. Externe Varianz kann als Varianz funktionaler Anforderungen interpretiert werden, für deren Umsetzung interne Varianz erforderlich ist. Die in dieser Arbeit betrachteten Szenarien beziehen sich auf den CTO-Anteil und betrachten den ETO-Anteil als Änderungskonstruktion auf Basis einer Standardvariante. Diese bildet den Ausgangspunkt der Individualisierung und soll daher zu Beginn in alle CAx Systeme initialisiert, d.h. geladen und konfiguriert werden.

Zusammenfassend lässt sich sagen, dass die Forschungshypothese anhand der Fallbeispiele validiert werden konnte.

7.2.3 Kritische Diskussion des Gesamtkonzepts

Critical Discussion of the Overall Concept

In diesem Kapitel wird das entwickelte Konzept abschließend bewertet. Grundlage der Bewertung bilden die während der Implementierungs- und Testphase gewonnen Erkenntnisse. Zunächst wird der grundlegende Ansatz der Merkmalsmodellextraktion betrachtet. Im Anschluss wird die generelle Verwendung von Merkmalsmodellen diskutiert. Darauf folgt die Diskussion des Konzepts zur Abbildung der Merkmalsmodelle. Weiterhin wird die Integration in heutige IT Systemlandschaften betrachtet. Im Fazit werden die wichtigsten Erkenntnisse zusammengefasst.

Ansatz der Kopplung zwischen Merkmalen und Artefakten

Wie in Kapitel 5.2 beschrieben, lassen sich zwei grundlegende Ansätze für die Verknüpfung von Merkmalen und Artefakte unterscheiden (vgl. Abbildung 5.3).

Ein möglicher Ansatz basiert auf der Verknüpfung von Merkmalen der externen Varianz mit denen der internen Varianz innerhalb des CAx Systems (vgl. Abbildung 5.3). D.h., dass im CAx System die interne Varianz mit Hilfe von Merkmalen oder Konfigurationen lokal definiert wird und diese mit Hilfe logischer Operatoren an die Merkmale oder Konfigurationen der externen Varianz gekoppelt werden.

Der alternative Ansatz, der dieser Arbeit zugrunde liegt, basiert auf der Extraktion einheitlicher Merkmalsmodelle aus CAx Werkzeugen und der expliziten Verknüpfung der extrahierten Merkmale mit denen der externen Varianz. Die extrahierten Merkmale entsprechen direkt den zugrundeliegenden Entwicklungsartefakten (s. Abbildung 5.3b).

Mit beiden Ansätzen lässt sich ein disziplinübergreifendes Konfigurationssystem aufbauen, das datenintegrative Konfiguratoren moderner CAx Systemen einbezieht. Vorteile des Ansatzes auf Basis extrahierter Merkmalsmodelle sind insbesondere die Möglichkeit der einheitlichen Darstellung und Analyse der internen Varianz beliebiger CAx Werkzeuge und Disziplinen.

Merkmalsmodelle

Die in dieser Arbeit genutzten Merkmalsmodelle weichen von der im Softwarebereich etablierten Notation ab. Um Synergien mit den aktuellen Entwicklungen im Bereich des Software-Produktlinien Ansatzes zu erzielen (vgl. Kapitel 4.3.4), ist eine Anpassung der Notation sinnvoll. Vorteile einer individuellen Notation liegen in der Möglichkeit der disziplinspezifischen Kennzeichnung von Features.

Herausforderungen beim Einsatz grafischer Feature-Modelle liegen beispielsweise in der Darstellung großer Modelle. Um die Übersichtlichkeit und Handhabbarkeit sicherzustellen, sind Erweiterungen wie selektives Ausblenden der Modelle oder die Zusammenfassung atomarer Bereiche sinnvoll.

Weitere Verbesserungen für Merkmalsmodelle sind Feature-Attribute mit Wertebereichen und diskreten/kontinuierlichen Abstufungen, Soft-Constraints zur Speicherung von Präferenzen sowie Constraints für Cross-Tree-Relations.

Mapping der Merkmalsmodelle für externe und interne Varianz

Die Verknüpfung zwischen interner und externer Varianz erfolgt im vorgestellten Ansatz lediglich in *binärer Form*, entsprechend einer *Requires-Beziehung* zwischen Merkmalen der externen und der internen Varianz. Verknüpfungen dieser Art eigenen sich beispielsweise für *Strukturvarianten*. Bei *Komponentenvarianten*, die unterschiedlichen Leistungsstufen entsprechen und von anderen Features der Verbraucherseite abhängen, reicht eine solche direkte Verknüpfung aufgrund von Wechselwirkungen nicht aus. Hier wäre zusätzlich zur Verknüpfungsmatrix die Erweiterung um eine textuelle DSL sinnvoll, die die Spezifikation von Constraint-Beziehungen erlaubt. Denkbar wäre jedoch auch, lediglich Strukturvarianten zu verknüpfen und Komponentenauswahl nach Konfiguration der grundlegenden Maschinenstruktur und der anschließenden Individualisierung automatisiert durchzuführen zu lassen. Physikalische Simulation, Optimierungsverfahren und standardisierte Komponentenbeschreibungen (z.B. eCl@ss) können sich in Kombination möglicherweise für diesen Zweck eignen.

PDM / PLM / CAx Integration

Die entwickelten Schnittstellen zur CAx Systemintegration sind prototypisch und nicht für den produktiven Einsatz ausgelegt. Eine mögliche Integration in PLM Systeme wurde in dieser Arbeit nicht berücksichtigt. Im Folgenden werden Teilaspekte der Arbeit aufgegriffen, die für die PLM Integration relevant sind.

Aus Implementierungs- und Testgründen finden alle Transformationen im Konfigurationssystem statt. Die Anfragen an die Datenmodelle der CAx Systeme erfolgt mittels Programmierschnittstelle (API). Problematisch an dieser Lösung ist, dass nach erfolgtem Service-Aufruf relativ zeitintensive Abfragen über die API der jeweiligen Systeme erfolgen, um die disziplinspezifischen Datenmodelle auszulesen. Die verwendeten synchronen Webservice-Aufrufe sind jedoch nicht auf langandauernde Operationen ausgerichtet. Mit Hilfe des ESB lassen sich zwar Time-out-Zeiten erhöhen oder asynchrone Aufrufe durch zyklische Anfragen (engl.: polling) implementieren.

Dies ist jedoch eher als Behelfslösung anzusehen. Für einen Produktivbetrieb hingegen wäre es sinnvoll, die erforderlichen Transformationen enger in die Applikationen zu integrieren und extrahierte Feature-Modelle beispielsweise direkt über eine Webservice-Schnittstelle zu veröffentlichen. Die Merkmalsmodelle lassen sich im PLM System in das Produktmodell einarbeiten und/oder als Dokument verwalten.

7.2.4 Fazit

Resume

Anhand des realisierten Demonstrators konnte gezeigt werden, dass ein Konfigurationssystem für heterogene CAx Systeme unter Nutzung datenintegrativer Konfiguratoren machbar ist.

Es hat sich gezeigt, dass die Überführung disziplinspezifischer Datenstrukturen in einheitliche Merkmalsmodelle realisierbar ist. Ebenso konnten die extrahierten Merkmalsmodelle mit einem übergreifenden Merkmalsmodell der externen Varianz verknüpft werden. Die synchrone Konfiguration und Rückwärtstransformation in Befehlssequenzen zur Aktivierung der geforderten Konfiguration konnte umgesetzt werden. Ebenso konnte gezeigt werden, dass sich alle Schritte in einer verteilten Anwendung realisieren lassen.

Hinsichtlich der Performance hat sich gezeigt, dass das Auslesen der Datenstrukturen über die Programmierschnittstellen der CAx Werkzeuge einen Flaschenhals darstellt. Die übrigen Funktionen hingegen werden ohne störende Wartezeit durchlaufen. Die Zeit zur Auswertung der Feature-Modelle durch die Rules-Engine während des Konfigurationsvorgangs ist vom Benutzer nicht wahrnehmbar, so dass sich ein interaktives Arbeitsgefühl mit dem Konfigurator einstellt. Bei der Aktivierung der Konfigurationen in den CAx Systemen kann je nach Modellgröße eine deutliche Wartezeit auftreten, so dass sich kein interaktives Gefühl einstellt. Dies liegt in der Umsetzung der datenintegrativen Konfiguratoren innerhalb der CAx Systeme. Für die Zukunft kann diesbezüglich mit einer weiteren Verbesserung der Reaktionszeiten gerechnet werden.

Die Nutzung eines gemeinsamen Datenmodells bietet die Möglichkeit Analyseverfahren, die im Bereich der Feature-Modell-Technologien entwickelt werden, einzusetzen.

Zusammenfassend lässt sich sagen, dass der Ansatz der Merkmalsmodellextraktion Potenziale aufzeigt. Um zu klären, welcher der möglichen Ansätze langfristig Vorteile mit sich bringt, sind weitere Arbeiten erforderlich. Hierzu gehören beispielsweise:

- das Zusammenspiel von subtraktiven und additiven Verfahren,
- die Anwendung auf textuelle Artefakte (z. B. für die Steuerungs-Software),
- das Verhalten während der Anpassungskonstruktion und
- die Kombination mit weiteren Konfigurationsverfahren (z. B. zur automatischen Vorauswahl von Komponenten nach der Individualisierung).

8 Zusammenfassung und Ausblick

Summary and Outlook

8.1 Zusammenfassung

Summary

In dieser Arbeit wurden ein Konzept und eine prototypische Implementierung zur disziplinübergreifenden Konfiguration für Produktfamilien im Werkzeugmaschinenbau entwickelt und vorgestellt.

Nach einer Analyse der Charakteristik von Werkzeugmaschinen und den zur Realisierung erforderlichen typischen Prozesse in Entwicklung und Auftragsabwicklung wurden grundlegende Konzepte der baukastenbasierten Produktfamiliengestaltung sowie Systeme zur Produktkonfiguration vorgestellt. Darauf aufbauend wurde die Forschungshypothese formuliert, dass sich heterogene CAx Werkzeuge, die über datenintegrative Konfiguratoren verfügen, durch automatisch extrahierte Merkmalsmodelle synchron konfigurieren lassen.

Der entwickelte Ansatz stellt eine Alternative zur direkten Ansteuerung der CAx Systeme mittels Konfigurationsmerkmale dar und wurde für die Domäne des Werkzeugmaschinenbaus bisher nicht untersucht. Potenziale liegen vor allem in der vereinfachten Weiternutzung der extrahierten Daten beispielsweise im ERP System oder zur Variantenanalyse mittels bekannter Verfahren aus dem Bereich der Feature-Modellierung.

Das Gesamtkonzept wurde anhand eines industriellen Fallbeispiels aus dem Werkzeugmaschinenbau entwickelt und evaluiert. Im Fokus lagen zwei Varianten des Bearbeitungszentrums Ecospeed F der Dörries Scharmann Technologie GmbH: Neben der Standardvariante wird für Anwendungen mit erweitertem Schwenkbereich ein im Betrieb automatisch einwechselbarer Winkelfräskopf (WFK) angeboten. Maschinen in dieser Ausprägung verfügen über einen zusätzlichen Torque-Motor um die C-Achse, über den die Zustellung des WFK erfolgt. Die Varianz wirkt sich auch auf das Werkzeugwechselsystem aus, das einerseits die Aufnahme des WFK ermöglichen muss und andererseits über eine erweiterte Kinematik zum Einsetzen von Werkzeugen in den WFK verfügen muss. Als *externe Varianz* wird in dem Fallbeispiel der Unterschied im Schwenkbereich des Werkzeugs betrachtet. Die *interne Varianz* äußert sich innerhalb der Einzeldisziplinen in Form von optionalen und alternativen Komponenten, die innerhalb der beiden betrachteten Disziplinen Mechanik und Elektrik mit Hilfe der entsprechenden Werkzeuge des MCAD und des ECAD beschrieben werden.

Ausgehend von den Grundlagen der Konfigurationstechnologie und der Feature-Modellierung wurde ein Ansatz entwickelt, der die automatische Transformation von Informationen aus den datenintegrativen Konfiguratoren der CAx Werkzeuge in eine einheitliche menschen- und maschinenlesbare Form überführt. Für die Entwicklung des Verfahrens wurden zunächst die exemplarischen Domänen des MCAD und des

ECAD anhand der betrachteten datenintegrativen Konfiguratoren analysiert und mittels Metamodellen beschrieben. Im nächsten Schritt wurden Metamodelle für die einheitliche Merkmalsmodelldarstellung sowie für die Verknüpfung von interner und externer Varianz entwickelt. Für die Transformation der Modelle in die einheitliche Merkmalsmodell-Darstellung wurde ein Algorithmus entwickelt, der ausschließlich vorwärtsgerichtet arbeitet und somit auch bei großen Modellen skaliert. Infolge der Verknüpfung von externer und interner Varianz werden Konfigurationen auf Vertriebsebene automatisch in disziplinspezifische Soll-Produktmodelle übersetzt. Um diese auch in den CAx Werkzeugen automatisch zu aktivieren, wurde ein Algorithmus entwickelt, der entsprechende Befehlssequenzen für die datenintegrativen Konfiguratoren generiert.

Zur Umsetzung des Verfahrens wurde ein Konfigurationswerkzeug entwickelt, welches über Webservices und einen Enterprise-Service-Bus mit den CAx Systemen kommuniziert. Zur Sicherstellung von Datenkonsistenz und Bedienkomfort wurde eine Rules-Engine eingesetzt, deren generisches Regelwerk auf den Metatypen der entwickelten Modelle operiert.

Zusammenfassend lässt sich sagen, dass die Machbarkeit des Ansatzes gezeigt werden konnte, womit die Forschungshypothese als verifiziert betrachtet werden kann.

8.2 Ausblick

Outlook

Aufbauend auf den Erfahrungen bei der Implementierung und beim Test des Konfigurationssystems sowie vor dem Hintergrund aktueller Entwicklungstrends werden im Folgenden Möglichkeiten zur Weiterentwicklung der Ansätze diskutiert.

Für die Baukastensystematik in der Produktentwicklung ergeben sich Synergiepotenziale mit der Technologie der Feature-Modelle aus der Software-Industrie. Die dort entwickelten Auswerteverfahren lassen sich prinzipiell auch für die Planung und Gestaltung von Baukastensystemen einsetzen. Eine elementare Gestaltungsgröße beim Aufbau von Baukästen und Produktfamilien ist die Festlegung des internen Standardisierungsgrades. Da diese Aufgabe ein schwierig zu lösendes Optimierungsproblem darstellt, bei dem zahlreiche verteilt vorliegende Daten zusammengeführt werden müssen, ist eine Rechnerunterstützung wünschenswert. Die Formalisierung der Baukastenstruktur bzw. eines Metabaukastenmodells bildet in diesen Zusammenhang eine wichtige Grundlage für die maschinelle Verarbeitung. Eine Standardisierung von Merkmals- und Konfigurationsmodellen könnte diesbezüglich die Entwicklung von Modellierungswerkzeugen unterstützen.

Eine vielversprechende Erweiterungsmöglichkeit des entwickelten Konzepts ergibt sich durch Anwendung des ressourcenbasierten Konfigurationsansatzes in Verbindung mit der physikalischen Simulation. Insbesondere bei der Individualisierung verbraucherseitiger Strukturen ist die Vorhersage der Auswirkung auf die Versorgerseite aufgrund von Nichtlinearitäten oftmals schwierig. Aus diesem Grund ist es sinnvoll, zunächst auftragsneutral eine sinnvolle Menge an Quellen mit diskreten Abstufungen zu definieren. Aus dieser Lösungsmenge kann nach Konfiguration der Strukturvarianten und Durchführung der Änderungskonstruktion auf der Verbraucherseite eine optimale Dimensionierung der Versorgerseite durchgeführt werden. Hierfür lassen sich beispielsweise physikalische Modelle und entsprechende Modellierungssprachen nutzen. Die erforderlichen Modelle und Simulationssysteme lassen sich analog zu den Disziplinen MCAD und ECAD über datenintegrative Konfiguratoren als Produktfamilie konzipieren und synchron konfigurieren.

Hohes Synergiepotenzial ergibt sich in Verbindung mit Technologien des Semantic Web. Die Anwendung von Linked Data bietet vielversprechende Möglichkeiten, um die Konnektivität zwischen den Teilsystemen zu herzustellen. Die Technologien des Semantic Web lassen sich weiterhin einsetzen, um auf Basis vorhandenen Wissens neues Wissen abzuleiten. Ziel muss es sein, die aus dem modellbasierten Systems Engineering resultierenden Informationen möglichst umfassend für den Aufbau von Konfigurationswissen wiederzuverwenden, um das manuelle Datenhandling möglichst vollständig durch generische Automatismen zu ersetzen.

Neben diesen primär technologischen Weiterentwicklungen ergeben sich Fragestellung bezüglich der Unternehmensgestaltung und der Mitarbeiterqualifikation. Da die Implementierung und Nutzung baukastenbasierter Produktfamilienmodelle durch die Mitarbeiter der Fachabteilungen erfolgt, müssen diese die grundlegenden Produktstrukturen verinnerlichen. Vor diesem Hintergrund können dezentrale Konfiguratoren einen hohen Mehrwert bieten, da sie eine agile Arbeitsweise mit unmittelbarem Feedback ermöglichen. Insbesondere das schnelle und synchrone Umschalten von Varianten könnte folgende positive Effekte herbeiführen:

- Das schnelle und wiederholte Umschalten der *Varianten innerhalb einer Disziplin* kann den Aufbau *mentaler Modelle über die variablen und fixen Elemente* eines Systems fördern.
- Das schnelle und wiederholte *synchrone* Umschalten der *Varianten über mehrere Disziplinen hinweg* – d.h. die gleichzeitige Präsentation von Sichten auf das verteilte Produktmodell (Mechanik, Elektrik, Fluidik, Software etc.) – kann das Verständnis für die *zusammengehörenden variablen Elemente* im Sinne der Mechatronik fördern.

Neben der Verinnerlichung disziplinspezifischer variantenreicher Produktstrukturen deutet die zweite Hypothese darauf hin, dass auch im Sinne der Mechatronik das Verständnis der übergreifenden Zusammenhänge durch leistungsfähige Konfigurationstechnologien gefördert wird. Dies kann wesentlich zur Beherrschung der Komplexität beitragen.

Die Dezentralisierung der Konfigurationsaufgabe ermöglicht weiterhin eine erhöhte Autonomie der Entwickler und der Fachabteilungen. Aufgrund der Vorteile datenintegrativer Konfiguratoren, ist es naheliegend, dass sich die Leistungsfähigkeit der Systeme aufgrund der Wettbewerbssituation zwischen Werkzeugherstellern weiter erhöhen wird. Somit sinkt zunehmend die Hürde für Mitarbeiter, diese Funktionen auch selbst zu nutzen. Die Abhängigkeit von einzelnen Konfigurationsspezialisten im Unternehmen sinkt, während die durchschnittliche Qualifikation der Mitarbeiter steigt. Die Dezentralisierung kann somit zu mehr Eigenverantwortung der Mitarbeiter führen. Diese ist unbedingt erforderlich, da sich Baukästen aufgrund der hohen Komplexität nicht vollständig zentral planen und implementieren lassen, sondern der Erfahrung, Kreativität und Mitarbeit der Fachbereiche bedürfen. Die *Fähigkeit zur Produktfamilien- und Baukastengestaltung* kann sich daher zu einem wesentlichen strategischen Wettbewerbsvorteil entwickeln. Die IT-Architekturen sind hierfür ein entscheidender Wegbereiter.

Summary

This thesis has shown both a concept and a prototypical implementation for interdisciplinary configuration of product families in the machine tool industry.

After analyzing the characteristics of machine tools and their typical processes in development and order processing, basic concepts of modular product family design and systems for product configuration were presented. Building on this foundation, the research hypothesis was formulated, according to which heterogeneous CAx tools containing data-integrative configurators can be synchronized with the aid of automatically extracted feature-models.

The developed approach is an alternative to direct control of CAx systems by configuring features and has not been investigated for the domain of machine tools. A benefit of this approach is the possibility of reusing the extracted models for applications within ERP systems or by procedures for variant analysis emerging from the research area of feature modeling.

The overall concept was developed and evaluated on the basis of a case study from the machine tool industry. The focus was set on two variants of the machining center Ecospeed F by Dörries Scharmann Technologie GmbH: In addition to the standard variant, an angular milling head (AMH), which can be automatically changed during operations, is offered for applications that require an extended swivel range. Machines of this type have an additional torque motor around the C-axis for the positioning of the AMH. The variant also has an effect on the tool changer, since it must either carry the AMH when it is inactive or provide extended functionality for inserting tools when the AMH is mounted. The difference in the swivel range is considered as an example for *external variety*. The *internal variety* is expressed through optional or alternative components within the mechanical and electrical design using the corresponding tools for MCAD and ECAD.

Based on the fundamentals of configuration technology and feature modeling, an approach was developed which enables the automatic transformation of information from the data-integrative configurators within CAx tools into a standardized form readable for both humans and machines. For the development of the procedure, the sample domains of MCAD and ECAD considering data-integrative of sample tools were analyzed and described by metamodels. In the next step, metamodels have been developed for the single feature model representation and for the mapping between internal and external variety.

For the transformation of the model in the unified feature model representation, an algorithm was designed, that works exclusively in the forward direction and thus is able to scale for large models. Due to the mapping of models for external and internal variety, configurations on a sales level are automatically translated into discipline-specific nominal product models. In order to activate these models inside the CAx tools automatically, an algorithm has been developed that generates appropriate command sequences for the data-integrative configurators.

To implement the procedure, a configuration tool has been developed which communicates with the CAx systems via web services and an enterprise service bus. To ensure data consistency and ease of use, a rules engine was applied with a set of generic rules operating on the metatypes of the developed models.

In summary it can be said that the feasibility of the approach was demonstrated and thus the research hypothesis is proven.

9 Literaturverzeichnis

References

[ATL12] N.N.: ATL/Concepts. URL: http://wiki.eclipse.org/ATL/Concepts [Stand: 05.11.2012]

[AUCH11] Auch, S.: Im Werkzeugmaschinenbau erhalten Zulieferer mehr Gewicht. In: MM Maschinen Markt. Sonderausgabe EMO Journal 2011, S. 88-89

[BACH09] Bachmann, F.; Northrop, L.: Structured Variation Management in Software Product Lines. In: Sprague, R. H. (Hrsg.): Proceedings of the 42nd Annual Hawaii International Conference on System Sciences. Waikoloa, Big Island, Hawaii, 5-8 January 2009. Los Alamitos, CA, USA: IEEE Computer Society Press, 2009

[BACH11] Bachelor, G.: Extending value through greater integration with the product lifecycle. Key directions for OSLC for PLM. IBM Corporation. 2011. URL: http://open-services.net/pub/Main/PlmOverview/IBM_OSLC_PLM_Overview_Sept_2011_V0.1.pdf [Stand: 20.10.2014]

[BART95] Bartuschat, M.: Beitrag zur Beherrschung der Variantenvielfalt in der Serienfertigung. Diss. TU Braunschweig, 1995

[BEHR09] Behrens, B.-A.; Marchenko, M.; Wrobel, G.; Scheffler, R.: Analyse und Visualisierung Parametrisch-Assoziativer 3D-CAD-Systeme. In: Roller, D. (Hrsg.): Elektrotechnik CAD, Erfahrungen mit aktueller Technologie, Zukunftsperspektiven [Tagungsband zum Workshop Elektrotechnik CAD am 04. Dez. 2009 in Stuttgart]. Aachen: Shaker, 2009, S. 61-72

[BENA05] Benavides, D.; Trinidad, P.; Ruiz-Cortés, A.: Using Constraint Programming to Reason on Feature Models. In: Proceedings of the Seventeenth International Conference on Software Engineering and Knowledge Engineering (SEKE'05), Taipei, Taiwan, 14-16 July 2005, 2005

[BENA09] Benavides, D.; Segura, S.; Ruiz-Cortés, A.: Automated Analysis of Feature Models: A Detailed Literature Review, Technical Report ISA-09-TR-04, University of Seville, Spain, 2009

[BLEC04] Blecker, T.; Abdelkafi, N.; Kreutler, G.; Friedrich, G.: Product Configuration Systems - State of the Art - Conceptualization and Extensions. In: Hamadou, A. B.; Gargouri, F.; Jmaiel, M. (Hrsg.): Génie logiciel & Intelligence artificielle. Eight Maghrebian Conference on Software Engineering and Artificial Intelligence (MCSEAI 2004) Sousse/Tunisia, 9-12 May 2004, Tunis: Centre de Publication Universitaire, 2004, S. 25-36

[BLUM11] Blumöhr, U.; Münch, M.; Ukalovic, M.: Variantenkonfiguration mit SAP. 2. Aufl. Bonn: Galileo Press, 2011

[BOEG98] Böger, F. H.: Herstellerübergreifende Konfiguration modularer Werkzeugmaschinen. Diss. Universität Hannover, 1998

[BREC10a] Brecher, C.; Herfs, W.; Heyers, C.; Klein, W.; Triebs, J.; Beck, E.; Dorn, T.: Ressourceneffizienz von Werkzeugmaschinen im Fokus der Forschung. Effizienzsteigerung durch Optimierung der Technologien zum Komponentenbetrieb. In: wt Werkstattstechnik online. 100. Jg., 2010, Nr. 7/8, S. 559-564

[BREC10b] Brecher, C.; Karlberger, A.; Herfs, W.: Effiziente Auftragsabwicklung durch Kombination von Produktlinien-Ansatz und modellbasierter Entwicklung. Wettbewerbsvorteile im Werkzeugmaschinenbau. In: ZWF - Zeitschrift für wirtschaftlichen Fabrikbetrieb, 2010, Nr. 11, S. 991-996

[BREC11a] Brecher, C.; Herfs, W.; Karlberger, A.: Effiziente Auftragsabwicklung für individualisierte Werkzeugmaschinen durch Modellierung von Produktfamilien. In: Brecher, C. (Hrsg.): Integrative Produktionstechnik für Hochlohnländer. Berlin, Heidelberg: Springer, 2011, S. 223-246

[BREC12] Brecher, C.; Karlberger, A.; Herfs, W.: Synchronisation of Distributed Configuration Tools using Feature Models. In: ElMaraghy, H. A. (Hrsg.): Enabling Manufacturing Competitiveness and Economic Sustainability. Proceedings of the 4th International Conference on Changeable, Agile, Reconfigurable and Virtual Production (CARV2011), Montreal, Canada, 3-5 October 2011. Berlin, Heidelberg: Springer, 2012

[BREC13] Brecher, C.; Nittinger, J.; Karlberger, A.: Model-based control of a handling system with SysML. In: Paredis, C. J. J.; Bishop, C.; Bodner, D. (Hrsg.): Procedia Computer Science, Vol. 16, 2013. Proceedings of 2013 Conference on Systems Engineering Research (CSER'13), Atlanta, GA, USA, March 19-22 2013, Elsevier, 2013, S. 197-205

[BUCH08] Buchholz, M.; Souren, R.: Variantenvielfalt: Definitorische Überlegungen zu einem zentralen Begriff des Variantenmanagements. (Ilmenauer Schriften zur Betriebswirtschaftslehre, Bd. 1) Ilmenau: Verl. proWiWi, 2008

[CLAC85] Clacy, W.: Heuristic Classification. Report No. STAN-CS-85 1066. Stanford University, 1985

[CLEM02] Clements, P.; Northrop, L.: Software Product Lines. Practices and Patterns. Boston: Addison-Wesley, 2002

[CORS00] Corsten, H.: Lexikon der Betriebswirtschaftslehre. 4. Aufl. München, Wien: Oldenbourg, 2000

[CZAR05] Czarnecki, K.: Overview of Generative Software Development. In: Banâtre, J.-P.; Fradet, P.; Giavitto, J.-L.; Michel, O. (Hrsg.): Proceedings of Unconventional Programming Paradigms (UPP) 2004, 15-17 Sept, Mont Saint-Michel, France, 2004. (Lecture notes in computer science, Bd. 3566) Berlin [u. a.]: Springer, 2005, S. 326-341

[CZAR06] Czarnecki, K.; Helsen, S.: Feature-based survey of model transformation approaches. In: IBM Systems Journal, Vol. 45, No. 3, 2006, S. 621-645

[CZAR07] Czarnecki, K.; Wasowski, A.: Feature Diagrams and Logics: There and Back Again. In: Proceedings of the 11th International Software Product Line Conference, 10-14 Sept 2007, Kyoto, Japan. Washington, DC, USA: IEEE Computer Society, 2007, S. 23-34

[CZAR08] Czarnecki, K.; She, S.; Wasowski, A.: Sample Spaces and Feature Models: There and Back Again. In: Proceedings of the 12th International Software Product Line Conference (SPLC 2008), Limerick, Ireland, IEEE, 2008, S. 22-31

[DIN8580] Norm DIN 8580:2003-09. Fertigungsverfahren - Begriffe, Einteilung. Beuth, 2003

[DIN60617] Norm DIN EN 60617-2:1997-08. Graphische Symbole für Schaltpläne - Teil 2: Symbolelemente, Kennzeichen und andere Schaltzeichen für allgemeine Anwendungen. Beuth, 1997

[DIN61082] Norm DIN EN 61082-1:2014-07. Dokumente der Elektrotechnik - Teil 1: Regeln. Beuth, 2014

[DIN61346] Norm DIN EN 61346-2:2000-12. Industrielle Systeme, Anlagen und Ausrüstungen und Industrieprodukte - Strukturierungsprinzipien und Referenzkennzeichnung - Teil 2: Klassifizierung von Objekten und Kodierung von Klassen. Beuth, 2000

[DRAT11] Drath, R.; Schröter, B.; Hoernicke, M.: Datenkonsistenz im Umfeld heterogener Engineering-Werkzeuge. In: Tagungsband Automation 2011, 12. Branchentreff der Mess- und Automatisierungstechnik, Baden-Baden, 28. und 29. Juni 2011. Düsseldorf: VDI-Verl., 2011

[ECLA14] N.N.: Website des eCl@ss e.V. URL: http://www.eclass.de/ eclasscontent/standard/overview.html.de [Stand: 12.08.2014]

[EHRL13] Ehrlenspiel, K.; Meerkamm, H.: Integrierte Produktentwicklung. Denkabläufe, Methodeneinsatz, Zusammenarbeit. 5. Aufl. München: Hanser, 2013

[ENGE12] Engels, G.: Modellierungssprache. In: Kurbel, K. et al. (Hrsg.): Enzyklopädie der Wirtschaftsinformatik. Online-Lexikon: Oldebourg Wissenschaftsverlag. URL: http://www.enzyklopaedie-der-wirtschaftsinformatik.de/wi-enzyklopaedie/lexikon/technologien-methoden/Sprache/Modellierungssprache [Stand: 28.09.2014]

[EVER96] Eversheim, W.: Grundlagen. (Organisation in der Produktionstechnik, Bd. 1) 3. Aufl. Düsseldorf: VDI-Verl., 1996

[FAYZ11] Fayzullin, K.: Autonome Planung und Entscheidungsoptimierung in der Ablaufsteuerung flexibel automatisierter Fertigungssysteme. Diss. RWTH Aachen, 2011

[FELF08] Felfernig, A.: Knowledge Acquisition for Configurable Products and Services. In: Virvou, M. (Hrsg.): Intelligent Interactive Systems in Knowledge-Based Environments: Springer, 2008, S. 75-88

[FIRC02] Firchau, N. L.; Franke, H.-J; Huch, B.; Menge, M.: Variantenmanagement: Variantenvielfalt in Produkten und Prozessen erfolgreich beherrschen. In: Franke, H.-J; Hesselbach, J.; Huch, B.; Firchau, N. L. (Hrsg.): Variantenmanagement in der Einzel- und Kleinserienfertigung. München: Hanser, 2002

[FOGA91] Fogarty, D. W.; Blackstone, J. H.; Hoffmann, T. H.: Production & Inventory Management. Cincinnati, OH, USA: South-Western Pub. Co., 1991

[FRIE08] Friedenthal, S.; Moore, A.; Steiner, R.: A Practical Guide to SysML. The Systems Model Language. Burlington, Mass, USA: Elsevier/Morgan Kaufmann, 2008

[GÖPF98] Göpfert, J.: Modulare Produktentwicklung. Zur gemeinsamen Gestaltung von Technik und Organisation. Diss. Universität München, 1998

[GÜNT99] Günter, A.; Kühn, C.: Knowledge-Based Configuration. In: Puppe, F. (Hrsg.): XPS-99 : knowledge-based systems, survey and future directions. Proceedings of the 5th biannual German Conference on Knowledge-Based Systems. Würzburg, March 3-5 1999, Berlin, New York: Springer, 1999, S. 47-66

[HARA96] Harashima, F.; Tomizuka, M.; Fukud, T.: Mechatronics – "What Is It, Why, and How?" An Editorial. IEEE/ASME Transactions on Mechatronics, 1. Jg., Nr.1, 1996, S.1-4

[HEAL12] Health, T.: Linked Data - Connect Distributed Data across the Web. URL: http://linkeddata.org/ [Stand: 10.12.2012]

[HEDI98] Hedin, G.; Ohlsson, L.; McKenna, J.: Product Configuration Using Object Oriented Grammars. In: Magnusson, B. (Hrsg.): System Configuration Management. Proceedings of ECOOP'98 SCM-8 Symposium, Brussels, Belgium, July 20-21 (Reihe: Lecture notes in computer science, Bd. 1439). Berlin, New York: Springer, 1998, S. 107-126

[HERF10] Herfs, W. J.: Modellbasierte Software in the Loop Simulation von Werkzeugmaschinen. Diss. RWTH Aachen, 2010

[HIRS00] Hirsch-Kreinsen, H.; Seitz, B.: Der Maschinenbau als Entwickler von Produktions- und Fertigungstechniken. In: Widmaier, U. (Hrsg.): Der deutsche Maschinenbau in den neunziger Jahren: Kontinuität und Wandel einer Branche. Frankfurt, M: Campus-Verlag, 2000

[HUNT00] Hunt, A.; Thomas, D.: The pragmatic programmer. From Journeyman to Master. Reading, MA, USA: Addison-Wesley, 2000

[INCO12] INCOSE: What is Systems Engineering?
URL: http://www.incose.org/practice/whatissystemseng.aspx
[Stand: 28.09.2014]

[JIAO07] Jiao, J.; Simpson, T. W.; Siddique, Z.: Product family design and platform-based product development: a state-of-the-art review: In: Journal of Intelligent Manufacturing, 18. Jg., 2007, Nr.1, S. 5-29

[KANG10] Kang, K.-C.: FODA: Twenty Years of Perspective on Feature Modeling. Keynote at 4th International Workshop on Variability Modelling (VaMoS 2010), 27.-29. Jan., Linz, Österreich, 2010

[KANG90] Kang, K.; Cohen, S.; Hess, J.; Nowak, W.; Peterson, S.: Feature-Oriented Domain Analysis (FODA) Feasibility Study. Report CMU/SEI-90-TR-21, Carnegie Mellon University, 1990

[KANO84] Kano, N.; Seraku, N.; Takahashi, F.; Tsuji, S.: Attractive Quality and Must-be Quality. In: Journal of the Japanese Society for Quality Control, Vol. 14, 1984, No. 2, S. 39-48

[KEES10] Kees, M.; Seibertz, A.: Compositional Variant Management and its Application in Embedded Software Development. In: Tagungsband ProSTEP iViP Symposium, 29. Apr. 2010, Berlin, 2010

[KIRS11] Kirstan, S.: Kosten und Nutzen modellbasierter Entwicklung eingebetteter Softwaresysteme im Automobil. Diss. TU München, 2011

[KLIE10] Kliemannel, F.; Rock, G.; Mann, S.: A Custom Approach for Variability Management in Automotive Applications. In: Benavides, D.; Batory, D.; Grünbacher, P. (Hrsg.): Proceedings of the 4th Int. Workshop on Variability Modeling of Software-intensive Systems (VAMOS 2010) 27.-29. Jan., Linz, Austria. (Reihe: ICB-Research Report, Bd. 37), 2010

[KRUE06] Krueger, C. W.: Software Mass Customization. BigLever Software, Inc. 2006. URL: http://www.biglever.net/extras/BigLeverMassCustomization.pdf [Stand: 20.10.2014]

[LAMP96] Lampel, J.; Mintzberg, H.: Customizing Customization. In: Sloan Management Review. 38. Jg., Herbst 1996, Nr. 1, S. 21-30

[LEHM89] Lehmann, C. M.: Wissensbasierte Unterstützung von Konstruktionsprozessen. München: Hanser, 1989

[LIND06] Lindemann, U.; Maurer, M.: Entwicklung und Strukturplanung individualisierter Produkte. In: Lindemann, U.; Reichwald, R.; Zäh, M. F. (Hrsg.): Individualisierte Produkte. Berlin [u. a.]: Springer, 2006, S. 41-62

[LITT06] Litto, M.: Ist Mechatronik beherrschbar? Die Herausforderung im Maschinen- und Anlagenbau. In: Intelligenter produzieren. 2. Jg., 2006, S. 13-15

[MACD82] MacDermott, J.: R1: A rule-based configurer of computer systems. In: Artificial Intelligence. 19. Jg., 1982, Nr. 1, S. 39-88

[MAG14] MAG CORCOM - Produkt-Homepage. URL: http://www.mag-corcom.com/web/de/produkte/produktseite.php [Stand: 05.10.2014]

[MEIE12] Meier, H.; Uhlmann, E.: Hybride Leistungsbündel - ein neues Produktverständnis. In: Meier, H.; Uhlmann, E. (Hrsg.): Integrierte Industrielle Sach- und Dienstleistungen. Berlin, Heidelberg: Springer, 2012, S. 1-21

[MERC10] Mercier, F.: IBM Rational DOORS Requirements Framework Add-On. Enhancing your DOORS investment. URL: https://www.see.asso.fr/file/1745/download/5897 [Stand: 02.11.2014]

[METZ07] Metzger, A et al.: Disambiguating the Documentation of Variability in Software Product Lines: A Separation of Concerns, Formalization and Automated Analysis: Proceedings of 15th IEEE International Requirements Engineering Conference RE '07, 15-19 Okt., Delhi, India, 2007, S. 243-253

[MEYE92] Meyer, M. H.; Utterback, J. M.: The Product Family and the Dynamics of Core Capability. In: Sloan Management Review. Nr. 77, Nov. 92, 1992

[MEYE97] Meyer, M. H.; Lehnerd, A. P.: The power of product platforms. Building value and cost leadership. New York: Free Press, 1997

[MITT89] Mittal, S.; Frayman Felix: Towards a generic model of configuration tasks: Proceedings of International Joint Conferences on Artificial Intelligence IJCAI'89, August 20-25, Detroit, Michigan, USA, 1989, S. 1395-1401

[MODE12] Modelica - A Unified Object-Oriented Language for Systems Modeling. Language Specification Version 3.3. URL: https://modelica.org/documents/ModelicaSpec33.pdf/at_download/file [Stand: 28.09.2014]

[NEUN09] Neuner, C.: Konfiguration internationaler Produktionsnetzwerke unter Berücksichtigung von Unsicherheit. Diss. Universität Bayreuth, 2009

[NONA97] Nonaka, I.; Takeuchi, H.; Mader, F.: Die Organisation des Wissens. Wie japanische Unternehmen eine brachliegende Ressource nutzbar machen. Frankfurt/Main [u. a.]: Campus-Verl., 1997

[NORM86] Norman, D. A.: Cognitive Engineering. In: Norman, D. A.; Draper, S. W. (Hrsg.): User Centered System Design. New perspectives on Human-Computer Interaction. Hillsdale, N.J: Lawrence Erlbaum, 1986, S. 32-61

[OMG11a] N.N.: OMG Meta Object Facility (MOF) Core Specification. Version 2.4.1. URL: http://www.omg.org/spec/MOF/2.4.1/PDF [Stand: 28.09.2014]

[OMG11b] N.N.: Meta Object Facility (MOF) 2.0 Query/View/Transformation Specification. Version 1.1. URL: http://www.omg.org/spec/QVT/1.1/PDF [Stand: 28.09.2014]

[OMG12] N.N.: OMG Object Constraint Language (OCL). Version 2.3.1. Specification. URL: http://www.omg.org/spec/OCL/2.3.1/PDF [Stand: 28.09.2014]

[OSLC12] N.N.: Open Services for Lifecycle Collaboration. Lifecycle integration inspired by the web. URL: http://open-services.net/about [Stand: 28.09.2014]

[OXFO14] N.N.: Definition of feature in English. URL: http://www.oxforddictionaries.com [Stand: 14.08.2014]

[PAHL07] Pahl, G.; Beitz, W.; Feldhusen, J.; Grote, K.-H.: Pahl/Beitz Konstruktionslehre. Grundlagen erfolgreicher Produktentwicklung. Methoden und Anwendung. 7. Aufl. Berlin: Springer, 2007

[PILL06] Piller, F. T.: Mass customization. Ein wettbewerbsstrategisches Konzept im Informationszeitalter. 4. Aufl. Wiesbaden: Dt. Univ.-Verl., 2006

[PRIN11] Prinz, J.; Lüder, A.; Suchold, N.; Drath, R.: Integriertes Engineering durch die standardisierte Beschreibung mechatronischer Objekte durch Merkmale: Tagungsband Automation 2011, 12. Branchentreff der Mess- und Automatisierungstechnik, Baden-Baden, 28. und 29. Juni. Düsseldorf: VDI-Verl., 2011

[PTC12] N.N.: PTC Creo Options Modeler – Erstellung und Validierung von modularen Produkten. PTC, 2012. URL: http://de.ptc.com/File%20Library/Product%20Families/Creo/de_Creo_Options_Modeler_Data_Sheet.pdf [Stand: 14.08.2014]

[PULS03] Puls, C.: Die Konfigurations- & Verträglichkeitsmatrix als Beitrag zum Management von Konfigurationswissen in KMU. Diss. ETH Zürich, 2002

[PUPP88] Puppe, F.: Einführung in Expertensysteme. Berlin [u. a.]: Springer, 1988

[PURE13] pure-systems. Homepage. URL: http://www.pure-systems.com [Stand: 28.07.2013]

[RENZ08] Renz, D.: Methodenwechsel im Engineering mit Hindernissen im Mittelstand. In: Roller, D.; Opletal, S. (Hrsg.): Elektrotechnik CAD. Technologiezukunft, Anwenderanforderungen, Entwicklungsansätze [Tagungsband zum Workshop Elektrotechnik CAD am 21. November 2008 in Stuttgart]. (Reihe: Berichte aus der Konstruktionstechnik). Aachen: Shaker, 2008, S. 13-20

[ROLL10] Roller, D.: Meilensteine der Technologieentwicklung bei ECAD-Systemen. In: Roller, D.; Chamakh, A. (Hrsg.): Elektrotechnik CAD. Effiziente Werkzeuge und deren Anwendung [Tagungsband zum Workshop Elektrotechnik CAD am 10. Dezember 2010 in Stuttgart]. Aachen: Shaker, 2010, S. 79-85

[ROSE96] Rosenberg, O.: Variantenfertigung. In: Kern, W.; Schröder, H.-H.; Weber, J. (Hrsg.): Handwörterbuch der Produktionswirtschaft. (Reihe: Enzyklopädie der Betriebswirtschaftslehre, Bd. 7). 2. Aufl. Stuttgart: Schäffer-Poeschel Verlag, 1996, S. 2119-2128

[SAND11] Sandhöfner, M.: Die modulare Zukunft des Maschinenbaus. In: automotion, 2011, Nr. 07/11, S. 45-48

[SANE09] Sanen, F.; Truyen, E.; Joosen, W.: Mapping Problem-Space to Solution-Space Features: A Feature Interaction Approach. In: Proceedings of the eighth international conference on Generative programming and component engineering (GPCE '09). Oct. 4-5, Denver, CO, USA, 2009, S. 167-176

[SCHÄ03a] Schäfer, D.: Technologieansatz für ein ECAD-Variantenmodul. In: Roller, D.; Schäfer, D. (Hrsg.): Variantentechnologie im ECAD/CAE-Bereich. Aachen: Shaker, 2003, S. 31-61

[SCHÄ03b] Schäfer, D.: Grundlagen der ECAD-Variantentechnologie. In: Roller, D.; Schäfer, D. (Hrsg.): Variantentechnologie im ECAD/CAE-Bereich. Aachen: Shaker, 2003, S. 1-31

[SCHE97] Scheer, A.-W.: Wirtschaftsinformatik. Referenzmodelle für industrielle Geschäftsprozesse. 7. Aufl. Berlin [u. a.]: Springer, 1997

[SCHL03] Schlenk, B.: Varianten- und Optionenbearbeitung mit E³.series. In: Roller, D.; Schäfer, D. (Hrsg.): Variantentechnologie im ECAD/CAE-Bereich. Aachen: Shaker, 2003, S. 91-102

[SCHU05] Schuh, G.: Produktkomplexität managen. 2. Aufl. München: Hanser, 2005

[SCHU10] Schuh, G.; Lenders, M.; Arnoscht, J.; Rudolf, S.: Effizienter innovieren mit Produktbaukästen. Studienergebnisse und Leitfaden - ein Beitrag zu Lean-Innovation. Aachen: WZL, 2010

[SCHU11a] Schuh, G. et al.: Individualisierte Produktion. In: Brecher, C. (Hrsg.): Integrative Produktionstechnik für Hochlohnländer. Berlin, Heidelberg: Springer, 2011, S. 83-255

[SCHU11b] Schuh, G. et al.: Integrative Konfigurationslogik für Produkt-Produktionssysteme. In: Brecher, C. (Hrsg.): Integrative Produktionstechnik für Hochlohnländer. Berlin, Heidelberg: Springer, 2011, S. 86-142

[SEIB12] Seibertz, A.; Brandstätter, M.; Theis, K.: Compositional Variability Management. Key Success Factor for Systems Engineering. In: Proceedings of 5th International Workshop on Systems & Concurrent Engineering for Space Applications (SECESA 2012), 17.-19. Okt., Lissabon, Portugal, 2012

[SEND09] Sendler, U.: Das PLM-Kompendium. Berlin, Heidelberg: Springer, 2009

[SIEM06] SIEMENS: Leitfaden für die Maschinenprojektierung SINUMERIK 840D sl. Gerätehandbuch, 2006

[SIEM12] SIEMENS: Comos Produkt Homepage. URL: http://w3.siemens.com/mcms/plant-engineering-software/en/pages/default.aspx [Stand: 28.09.2014]

[SOAP07] SOAP Version 1.2 Part 1: Messaging Framework (Second Edition). W3C Recommendation, 2007. URL: http://www.w3.org/TR/soap12-part1/ [Stand: 20.10.2014]

[SOIN01] Soininen, T.; Niemela, I.; Tiihonen, J.; Sulonen, R.: Representing configuration knowledge with weight constraint rules. In: Stumptner, M. (Hrsg.): Proceedings of the ECAI Workshop W02 on Configuration, 21.-22. Aug. 2000, Berlin, 2000

[STAC73] Stachowiak, H.: Allgemeine Modelltheorie. Wien, New York: Springer, 1973

[STEI09] Steinberg, D.: EMF. Eclipse Modeling Framework. 2. Aufl. Upper Saddle River, NJ, USA: Addison-Wesley, 2009

[TIIH96] Tiihonen, J.; Soininen, T.; Männistö, T.; Sulonen, R.: State-of-the-practice in product configuration – a survey of 10 cases in the Finnish industry. In: Tomiyama, T.; Mäntylä, M.; Finger, S. (Hrsg.): Knowledge Intensive CAD. London: Chapman & Hall, 1996, S. 95-114

[TREY13] Treyz, U.: Eine Schlüsselbranche und ihre Besonderheiten. URL: http://wzm.vdma.org/article/-/articleview/1847907 [Stand: 28.09.2014]

[ULRI95] Ulrich, K.: The role of product architecture in the manufacturing firm. In: Research Policy. 24. Jg., 1995, Nr. 6, S. 419-440

[VDMA14] N.N.: Zukunftsperspektive deutscher Maschinenbau. Erfolgreich in einem dynamischen Umfeld agieren. URL: http://www.mckinsey.de/sites/mck_files/files/zukunftsperspektive_maschinenbau.pdf [Stand: 28.09.2014]

[GROS07] Große-Rhode, M.; Euringer, S.; Kleinod, E.; Mann, S.: Grobentwurf des VEIA-Referenzprozesses. (ISST Bericht 80/07) Fraunhofer ISST, 2007. URL: http://publica.fraunhofer.de/documents/N-51554.html

[VOLK12] Volkswagen: autogramm. URL: http://autogramm.volkswagen.de/01-02_12/standorte/standorte_01.html [Stand: 28.09.2014]

[WANG07] Wang, H. H.; Li, Y. F.; Sun, J.; Zhang, H.; Pan, J.: Verifying feature models using OWL. In: Web Semantics: Science, Services and Agents on the World Wide Web. 5. Jg., 2007, Nr. 2, S. 117-129

[WECK06a] Weck, M.; Brecher, C.: Werkzeugmaschinen. Maschinenarten und Anwendungsbereiche. 6. Aufl. Berlin [u. a.]: Springer, 2006

[WECK06b] Weck, M.; Brecher, C.: Werkzeugmaschinen. Mechatronische Systeme, Vorschubantriebe, Prozessdiagnose, 6. Aufl. Berlin [u. a.]: Springer, 2006

[WECK06c] Weck, M.; Brecher, C.: Werkzeugmaschinen. Konstruktion und Berechnung, 8. Aufl. Berlin [u. a.]: Springer, 2006

[WECK06d] Weck, M.; Brecher, C.: Werkzeugmaschinen. Automatisierung von Maschinen und Anlagen, 6. Aufl. Berlin [u. a.]: Springer, 2006

[WEIL09] Weilkiens, T.; Stahl, T.: SysML/DSL für Anforderungen mit Varianten. In: Tagungsband 8. Requirements Engineering Tagung (REConf 2009), 9-12. März, München, 2009

[ZICK09] Zickert, G.: Elektrokonstruktion. Engineering mit EPLAN. 2. Aufl. München: Fachbuchverl. Leipzig, 2009

10 Anhang

Appendix

Anhang A1: Modelltransformation mit QVTo

Modeltransformation Using QVTo

In QVTo erfolgt die Definition von Modelltransformationen auf imperative Weise und wird im Folgenden anhand eines Beispiels erläutert. Abbildung 10.1 zeigt einen Ausschnitt des UML2 Metamodells (a) und ein dazu konformes Statechart (c). Der durch das Statechart repräsentierte Zustandsautomat soll mittels Modelltransformation in die Instanz (d) eines vereinfachten Metamodells (b), das beispielsweise Bestandteil eines Engineering-Werkzeugs ist, überführt werden.

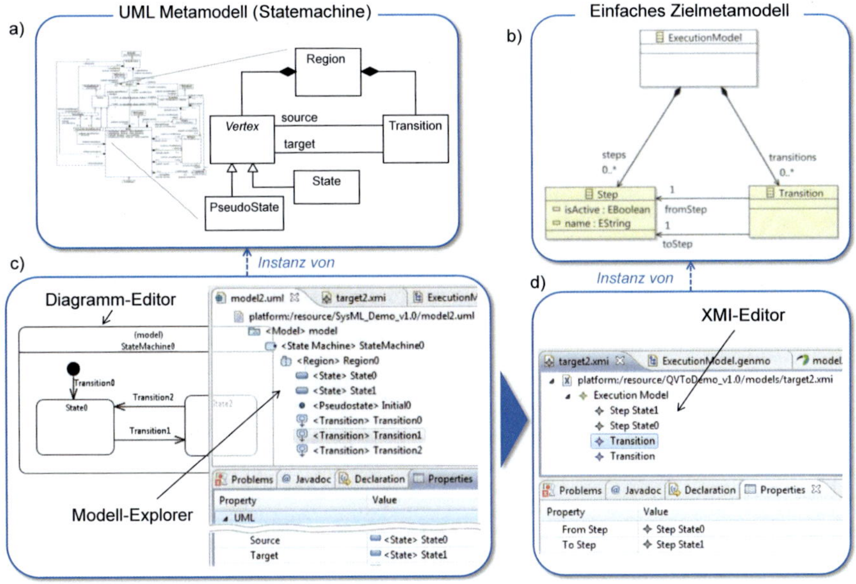

Abbildung 10.1: Modelle zur Veranschaulichung der M2M Transformation mit QVTo

Models for explication of M2M transformation using QVTo

Ein *ExecutionModel* (b) besteht aus *steps* vom Typ *Step* und *transitions* vom Typ *Transition*. Jede Transition hat jeweils eine Referenz auf den Quellschritt (*fromStep*) und den Zielschritt (*toStep*). Ziel der Transformation ist es, die UML-Elemente *State* und *Transition* einschließlich Referenzen in die entsprechenden Elemente des Zielmodells zu übersetzen. Abbildung 10.2 zeigt ein QVTo-Transformationsskript, welches diese Aufgabe erfüllt.

Zu Beginn des Skriptes werden die verwendeten Metamodelle bekannt gemacht (1). Im Anschluss wird die Transformation mit Eingangs- und Ausgangsparametern definiert (2). Eine Transformation hat genau eine Main-Funktion (3), in der die hierarchisch untersten zu übersetzende Elemente eingelesen werden und einem entsprechenden *Mapping* übergeben werden. Eine Transformation besteht aus beliebig vielen Mappings, die die Übersetzung zwischen Quell- und Zielelementen beschreiben. Die Syntax eines Mappings lautet für die häufigsten Fälle[32]:

mapping (<Eingangstyp>::) <ID>(<Parameter>) : <Ausgangstyp>

{ <body> }

```
(1)
modeltype UML "strict" uses uml('http://www.eclipse.org/uml2/3.0.0/UML');
modeltype Exec "strict" uses Executionmodel('http://executionmodel/1.0');
(2)
transformation SysML_2_ExecutionModel(in source : UML, out target : Exec);
(3)
main() {
  source.objects()[StateMachine]->map SM2ExecutionModel();
}
(4)
mapping StateMachine :: SM2ExecutionModel() : ExecutionModel{
(5)
 result.steps += self.allSubobjectsOfType(State)[State]->map State2Step();
 result.transitions += self.allSubobjectsOfType(Transition)[Transition]->map Transition2Transition();
 }
(6)
mapping State :: State2Step() : Exec::Step{
  result.name := self.name;
}
(7)
mapping UML::Transition :: Transition2Transition() : Exec::Transition
(8)
  when{self.source.oclIsTypeOf(Pseudostate) = false}
    {
      var fromStep : Exec::Step;
      var toStep : Exec::Step;

(9)   fromStep := self.source.resolve(Exec::Step)[Exec::Step]->asSequence()->first();
      result.fromStep := fromStep;

(10)  toStep := self.target.resolve(Exec::Step)[Exec::Step]->asSequence()->first();
      result.toStep := toStep;
    }
```

Abbildung 10.2: Exemplarische Modelltransformation auf Basis von QVTo

Exemplary model transformation using QVTo

Der Eingangstyp referenziert die Elemente des UML Metamodells, während der Ausgangstyp die Elemente des Execution-Modells referenziert. Für jedes Eingangselement, das dem Mapping übergeben wird, erzeugt die Laufzeitumgebung ein entsprechendes Ausgangselement. Innerhalb des *body* erfolgt die Zuordnung von Variablen. Über *self* wird auf die Variablen des Quellmodells zugegriffen, über das optionale Schlüsselwort *result* erfolgt der Zugriff auf das Zielmodell. Die Object Constraint Language (OCL) ist elementarer Bestandteil von QVTo und wird zur Einschränkung bzw. Filterung von Modellelementen (Beispiel: *allSubobjectsOfTyp(Transition)*) verwendet[33]. Im Mapping *SM2ExecutionModel()* (4) werden alle Elemente vom Typ *State*

---

[32] Für die ausführliche Darstellung sei auf die Spezifikation [OMG11b] verwiesen.
[33] Für die ausführliche Darstellung sei auf die Spezifikation [OMG12] verwiesen.

dem Mapping *State2Step()* übergeben. Die Rückgabe dieses Mappings wird der Variable *steps* der Klasse *ExecutionModel* zugewiesen. Dieses Beispiel zeigt, wie sich Mappings hierarchisch verschachteln lassen. Das Mapping *Step2Step()* (6) zeigt, wie Variablen zwischen Quell- und Zielmodell in Beziehung gesetzt werden. Auf analoge Weise erfolgt die Übertragung der Transitionen vom UML Modell ins *ExecutionModel*.

Das Mapping *Transition2Transition()* (7) zeigt die Möglichkeit, Transformationsschritte mit Startbedingungen zu versehen (8). So wird beispielsweise vermieden, dass für die Transition zwischen *InitialNode* und *State* im Quellmodell eine *Transition* im Zielmodell erzeugt wird. Der *InitialNode* ist vom UML-Typ *PseudoState* und wird über die OCL-Funktion *oclIsTypeOf()* abgefragt. So werden analog alle Elemente vom Typ *Transition* des *Statechart*-Modells ausgelesen und dem Mapping *Transition2transition()* übergeben. Aus einem Mapping lassen sich Hilfsfunktionen, sogenannte *Queries* und *Helper*, aufrufen, um kompliziertere Ausdrücke zwecks besserer Übersichtlichkeit und Wiederverwendung zu kapseln.

Nachdem alle *States* in *Steps* und alle *Transitions* entsprechend übersetzt wurden, müssen die Referenzen erzeugt werden. QVT speichert temporär die bereits ausgeführten Transformationen, die sich mit Hilfe des Befehls *resolve* erneut referenzieren lassen. Im UML-Metamodell werden die Referenzen zwischen *Transition* und *State* mit *source* und *target* bezeichnet. Somit lässt sich über den *resolve* Befehl für jede UML-Transition über *self.source* bzw. *self.target* der bereits erzeugte zugehörige *Step* im Zielmodell zurückholen und als Referenz *result.fromStep* bzw. *result.toStep* setzen.

Neben speziellen Befehle wie *resolve* sind weitere Vorteile von Modelltransformationen der Skript-basierte Ansatz, der es ermöglicht, die Transformationsvorschrift zu ändern, ohne die umgebende Anwendung neu kompilieren zu müssen. Zudem basieren Transformationsskripte auf formalen Metamodellen und könnten daher prinzipiell selbst Bestandteil oder Ergebnis von Modelltransformationen sein.

Anhang A2: Algorithmus zur Merkmalsmodellextraktion in QVTo

Algorithm for the Extraction of Feature Models using QVTo

Zur Implementierung des in Kapitel 6.7.2 beschriebenen Algorithmus lasse sich Sprachen der Modell-zu-Modell-Transformation einsetzen. Die in Anhang A1 vorgestellte Sprache QVTo bietet sich aufgrund ihrer Standardisierung und Verfügbarkeit durch frei erhältliche Werkzeuge an. Da keine bidirektionale Abbildung zwischen Quell- und Zielmodell erforderlich ist und sich die entwickelten Algorithmen erheblich einfacher in prozeduraler Form ausdrücken lassen, kommt in dieser Arbeit die Sprache QVTo zum Einsatz.

Im Folgenden werden Ausschnitte der Implementierung mit QVTo anhand der Disziplin MCAD vorgestellt. Abbildung 10.3 zeigt den Definitionsbereich der Transformation *Data2Fm* einschließlich des ersten Mappings und des entsprechenden Aufrufs aus der Main-Prozedur.

```
❶ modeltype MCADFM "strict" uses mcadFm('http://McadFm/1.0');
  modeltype MCADDATA "strict" uses mcadData('http://McadData/1.2');


❷ transformation McadData2McadFm(in source : MCADDATA, out target : MCADFM);

❸ intermediate class AssemblyIM extends MCADDATA::Assembly{
           composes configIM : ConfigurationIM [*];
           composes subCmpsIM : SubComponentIM [*]};
  intermediate class ConfigurationIM extends Configuration{
           references activeSubCmpsIM : SubComponentIM [*]
                              opposites refByCfgs };
  intermediate class SubComponentIM extends SubComponent{
           references refByCfgs : ConfigurationIM [*]
           opposites activeSubCmpsIM };

❹ intermediate property Component::reducedAsm : AssemblyIM;
  intermediate property Component::reducedXorAsm : AssemblyIM;
  intermediate property Component::reducedXorAsms : Set(AssemblyIM);
  intermediate property Component::reducedCfgs : Set(ConfigurationIM);
  intermediate property Component::reducedSubCmps : Set(SubComponentIM);
  intermediate property Node::reducedAsmNode : AssemblyIM;
  intermediate property Node::reducedXorAsmNode : AssemblyIM;
  intermediate property Node::reducedXorAsmsNode : Set(AssemblyIM);
  intermediate property SubComponent::reducedAsmSub : AssemblyIM;
  intermediate property SubComponent::reducedXorAsmSub : AssemblyIM;
  intermediate property SubComponent::reducedXorAsmsSub : Set(AssemblyIM);
  intermediate property SubComponent::reducedCfgsSub : Set(ConfigurationIM);
  intermediate property SubComponent::reducedSubCmpsSub : Set(SubComponentIM);

  main() {
❺   source.objects()[McadData]->map McadData2McadFm();
  }

❻ mapping McadData :: McadData2McadFm() : CaxFm
  {
    projectFolder := self.projectFolder;
    fileName := self.fileName;
    rootAsset := self.cmpList.rootCmp.map Component2RootAsset();
  }
```

Abbildung 10.3: Definitionsbereich des Transformationsskriptes *data2FM.qvt* für MCAD

Definition section of the transformation scripts data2FM.qvt for MCAD

Zunächst werden die Metamodelle der MCAD Datenstruktur sowie des MCAD-spezifischen Merkmalsmodells bekanntgemacht (1). Im Anschluss erfolgt die Definition der Ein- und Ausgangsmodelle (2). Zur Zwischenspeicherung und Erzeugung temporärer Daten (wie beispielweise der reduzierten Komponenten) lassen sich *Intermediate Classes* (3) und *Intermediate Properties* (4) nutzen, die zunächst definiert werden müssen. Somit lassen sich in ähnlicher Weise wie mit dem New-Operator einer Hochsprache Zwischenwerte erzeugen, die nicht im Ausgangsmodell erscheinen sollen. In (5) erfolgt der Einsprung in die Transformation, indem alle Elemente des Typs *McadData* des Eingangsmodells – hier das oberste Element – an das erste Mapping (6) übergeben werden. Dieses führt Kopiervorgänge für Attribute aus und ruft für das referenzierte Root-Element der ausgelesenen Komponentenliste das nächste Mapping auf, was die Erzeugung eines Root-Assets im Merkmalsmodell herbeiführt.

Mengenoperationen, die zur Ermittlung von Muss-, alternativen- oder optionalen Komponenten dienen, lassen sich in Queries auslagern. Abbildung 10.4 zeigt exemplarisch eine Query zur Identifikation der Muss-Unterkomponenten einer Komponente.

Die Query lässt sich auf Elemente des Typs *Component* anwenden und liefert eine Liste vom Typ *SubComponent* zurück (1). Da Unterkomponenten nur in Baugruppen enthalten sein können, ist eine Abfrage erforderlich, ob es sich bei der abstrakten Komponenten, für die die Query aufgerufen wird, um ein Element vom Typ *Assembly* handelt (2). Zur Identifikation einer Muss-Komponente wird ausgewertet, ob Unterkomponenten existieren, die von allen enthaltenen Konfigurationen referenziert werden. Dies ist der Fall, wenn die Anzahl der existierenden Unterkomponenten gleich der Anzahl der referenzierten Konfigurationen ist (3). In ähnlicher Weise lassen sich durch Einsatz der OCL auch Abfragen nach anderen Merkmalstypen und Querbeziehungen implementieren.

```
❶ query Component::getAndSubCmps() : Set(SubComponent)
  {
    //identifiziert die MUSS-Komponenten einer Baugruppe
    var andSubCmps : Set(SubComponent);

❷   if (self.metaClassName() = 'Assembly') then
    {
      // wähle alle Unterkomponenten, für die die Anzahl der referenzierte Konfigurationen mit
      // der Anzahl der verfügbaren Konfigurationen der übergeordneten Baugruppe übereinstimmt:

❸     andSubCmps := self.oclAsType(MCADDATA::Assembly).subComponents->
                    select(x | x.refByCfg->size() = self.configurations->size())->asSet();
    }
    endif;

  return andSubCmps;
  }
```

Abbildung 10.4: Query zur Identifikation von Muss-Komponenten

Query for identification of mandatory components

Die Anwendung dieser Queries innerhalb des Mapping zur Erzeugung von *Nodes* auf oberster Ebene wird exemplarisch anhand von Abbildung 10.5 erläutert. Das Mapping erzeugt ein *Root-Asset* und lässt sich auf Elemente des Type *Component* anwenden (1). Durch Aufruf der oben beschriebenen Query werden zunächst die Muss-Unterkomponenten der Komponenten aus dem Quellmodell, auf dem das Mapping ausgeführt wird, ermittelt und temporär gespeichert (2). Für den Fall, dass Muss-Unterkomponenten gefunden wurden, erfolgt für die Elemente der Ergebnismenge der Aufruf des Mappings zur Erzeugung eines *AND-Nodes*. Diesem wird die Liste an *Assets* übergeben und in identischer Weise weiterverarbeitet (3). Zur Erzeugung eines reduzierten Assemblies wird eine *Intermediate Property* für den Type *Component* genutzt. Durch explizite Objekterzeugung wird diese initialisiert (4) und mit Hilfe eines internen Mappings (5) um weitere Referenzen des Originals ergänzt. Im Anschluss erfolgt die Zuordnung der um die Muss-Komponenten reduzierten Unterkomponenten (6). Nach der Abfrage auf leere Konfigurationen – als Kriterium für die Erkennung von Optional-Knoten – wird bei positivem Ergebnis die Konfiguration gelöscht (7) und das entsprechende Mapping zur Erzeugung des Optional-Knoten aufgerufen (8). Ist die Anzahl der übrigen Unterkomponenten größer Eins, erfolgt die Analyse der XOR-Gruppen (9) entsprechend des in Kapitel 6.7.2 dargestellten Pseudo-Codes.

```
1 mapping Component :: Component2RootAsset() : RootAsset
  {
    var andSubCmps : Set(SubComponent);
    var hasOptAssets : Boolean;
    var xorSubCmp : Set(Set(Asset));
    var assemblyCast : MCADDATA::Assembly;
    var emptyCfgs : OrderedSet(ConfigurationIM);
    var optCmpsIM : OrderedSet(SubComponentIM);
    var xorSubCmps : OrderedSet(SubComponent);
    var xorSubCmpsList : Set(Set(SubComponent));
    var xorSubCmpsDict : Dict(Integer, Set(SubComponent));

    result.name := self.name;
2   andSubCmps := self.getAndSubCmps();

3   if (andSubCmps->size()>0) then{
     nodes :=  map createAndNode(andSubCmps);
    }
    endif;
   // ***  Reduktion der AND-Komponenten ***
    // 1) erzeugen des reduzierten Assemblies (AssemblyIM)
4   self.reducedAsm := object AssemblyIM{ name := self.name;
                                        };
      // 2) erzeugen der ConfigurationsIM und Zuordnung zu assemblyIM
5   self.reducedAsm.configIM += (self.oclAsType(MCADDATA::Assembly).configurations)->
                                                   map Configuration2ConfigurationIM();
    // 3) erzeugen der SubComponentsIM (ohne gefunde ANDs) und Zuordnung zu assemblyIM
6   self.reducedAsm.subCmpsIM += (self.oclAsType(MCADDATA::Assembly).subComponents -
           andSubCmps).oclAsType(SubComponent)->
                                    map SubComponent2SubComponentIM(self.reducedAsm.configIM);
    // *** OPT-Verarbeitung (mit assemlbyIM) ***
    // 1) leere Config enhalten?
7   emptyCfgs := self.reducedAsm.configIM->select(x | x.activeSubCmpsIM->size()=0)->asOrderedSet();

8   if(emptyCfgs->size() > 0) then{
      // 2) lösche leere Configs
      self.reducedAsm.configIM := self.reducedAsm.configIM->reject(x | emptyCfgs->includes(x));
      // erzeuge OPT Knoten und bearbeite reduziertes Assembly
      result.nodes += result.map createOptNode(self.reducedAsm);
    }
    endif;

  if (self.reducedAsm.configIM->size()>1) then
  {
     self.reducedAsm.configIM->asSequence()->forEach(cfgIM){

        var xorMatchCfg : OrderedSet(ConfigurationIM);
9       xorMatchCfg += self.reducedAsm.configIM->asSequence()->first();

        if (xorMatchCfg->asSequence()->first().oclIsInvalid() ) then{ break; }
        endif;

        xorMatchCfg += self.reducedAsm.configIM->
           select(x | (x->activeSubCmpsIM->intersection(cfgIM.activeSubCmpsIM))->size() > 0);
        // speicher XOR-Gruppen in Dictionar
        xorSubCmps := xorMatchCfg.activeSubCmpsIM->asOrderedSet();
        xorSubCmpsDict->put(xorSubCmpsDict->size(), xorSubCmps->asSet());
        // subtrahiere gefundene XOR-Cfgs von der temporären Liste
        self.reducedAsm.configIM := self.reducedAsm.configIM->asSet() - xorMatchCfg->asSet();
    };
       // für xorCmps XOR-Knoten erstellen und Komponenten anhängen
    if (xorSubCmpsDict->size() > 1) then{
          nodes += result.map createXorNode(xorSubCmpsDict);
    } endif;
  } endif;
  }
```

Abbildung 10.5: Implementierung des Algorithmus in QVTo (Ausschnitt)

Implementation of the algorithms in QVTo (excerpt)

Anhang A3: Transformation in das gemeinsame Modell

Transformation into the Common Model

Nach der Transformation der disziplinspezifischen Modelle in Merkmalsmodelle folgt die Überführung in ein gemeinsames Modell (vgl. Kapitel 6.8, Abbildung 6.24). Die Umsetzung wird im Folgenden anhand von Abbildung 10.6 erläutert.

```
❶ mapping CAX_FM::CaxFm::CaxFm2Project(inout caxMapping : CaxMapping) : Project{

❷  caxType := caxMapping.caxTypes->select(x | x.type = discipline)->first();
   caxMapping.projects += result;

   fileName := self.fileName;
   projectFolder := self.projectFolder;

   rootAsset = self.rootAsset.map RootAsset2GenericAsset();
  }

❸ mapping CAX_FM::RootAsset::RootAsset2GenericAsset() : GenericAsset{

   nodes += self.nodes->map Node2GenericAnd();
   nodes += self.nodes->map Node2GenericOpt();
   nodes += self.nodes->map Node2GenericXor();

      end{
       result.subAssets := result.getSubAssets();
      }
  }

❹ mapping CAX_FM::Node::Node2GenericAnd() : GenericAND
    when{self.metaClassName()='AND';}
    {
     assets += self.assets->map Asset2GenericAsset();
     nodes += self.nodes->map Node2GenericXor();
     nodes += self.nodes->map Node2GenericOpt();
    }

  mapping CAX_FM::Node::Node2GenericOpt() : GenericOPT
    when{self.metaClassName()='OPT';}
    {
     assets += self.assets->map Asset2GenericAsset();
     nodes += self.nodes->map Node2GenericAnd();
     nodes += self.nodes->map Node2GenericXor();
    }

  mapping CAX_FM::Node::Node2GenericXor() : GenericXOR
    when{self.metaClassName()='XOR';}
    {
     assets += self.assets->map Asset2GenericAsset();
     nodes += self.nodes->map Node2GenericAnd();
     nodes += self.nodes->map Node2GenericOpt();
    }

❺ mapping CAX_FM::Asset::Asset2GenericAsset() : GenericAsset
  {
    result.type := self.metaClassName();
    result.name := self.name;

    result.nodes += self.nodes->map Node2GenericAnd();
    result.nodes += self.nodes->map Node2GenericOpt();
    result.nodes += self.nodes->map Node2GenericXor();

    end{
        result.subAssets := result.getSubAssets();
       }
  }
```

Abbildung 10.6: Mappings der Transformation CaxFm2CaxMapping

Mappings of the transformation CaxFm2CaxMapping

Der Wurzelknoten des Merkmalsmodells wird zunächst in ein entsprechendes Element vom Typ *Project* übersetzt (1). Innerhalb des Mapping wird anhand des Übergabeparameters *discipline* ermittelt, zu welchem Objekt des Typs *CaxType* eine Referenzbeziehung hergestellt werden soll (2). Diese ist für die spätere Navigation zum Teilmodell der entsprechenden Disziplin erforderlich. Dem Aufruf des Mapping *Rootasset2GenericAsset()* (3) folgen die Mappings zur Erzeugung der Merkmals-Knoten. Da der Aufruf über den abstrakten Knotentypen *Node* erfolgt, wird als Ausführungsbedingung vor jedem Mapping der konkrete Typ des Quellelements abgefragt (4). Die unterlagerten *Nodes* und *Assets* werden wiederum rekursiv aufgerufen, wobei das Mapping *Asset2GenericAsset* mit Hilfe einer Query die unterlagerten *Assets* ermittelt und diese direkt referenziert (5). Dieser Schritt erleichtert die Erzeugung einer ausschließlich aus *Assets* bestehenden Baumstruktur, die zur Initialisierung der Editoren im Konfigurator erforderlich ist.

Anhang A4: Implementierung der Regeln zur automatischen Verarbeitung der Merkmalsmodelle

Implementation of Rules for the Automatic Processing of Feature-Models

Die Implementierung des in Kapitel 6.9, Abbildung 6.26 beschriebenen Verhaltens wird exemplarisch für die Regel 1.1 anhand von Abbildung 10.7 erläutert. Die Vorbedingung prüft, ob ein entsprechendes Muster unter den Objekten im Working Memory der Rules Engine vorhanden ist (1). Die jeweiligen Zustände werden mit Hilfe lokaler Variablen der Typen *GenericAND* (2) und *GenericAsset* (3) abgefragt. Letztere beinhaltet zusätzlich die Bedingung, dass sich der AND-Knoten unterhalb des Assets („nodes contains gAND") befindet.

```
rule "1.1_down_check"

(1) when

(2)   gAnd: GenericAND((getActivationState() == ActivationState.INACTIVE) && (getRequestState() ==
              RequestState.IDLE) )
(3)   gAst: GenericAsset((nodes contains gAnd) && (getCheckedState() == CheckedState.UNCHECKED)
              && (getRequestState() == RequestState.CHANGE))

(4) then
      System.out.println("executing rule: " + drools.getRule().getName());

(5)   gAst.setCheckedState(CheckedState.CHECKED);
      gAst.setRequestState(RequestState.IDLE);

(6)   gAnd.setRequestState(RequestState.CHANGE);

(7)   update (gAst);
      update (gAnd);

    end
```

Abbildung 10.7: Beispiel 1: Implementierung der Regel 1.1 mit Drools

Example 1: Implementation of the rule 1.1 using Drools

Sind die Vorbedingungen erfüllt, wird der Ausführungsteil der Regel aktiviert (4). Diese bewirkt, dass sich die Zustandsvariablen der Modellelemente entsprechend der oben beschriebenen Spezifikation ändern (5 und 6). Nach erfolgter Zustandsänderung wird durch den Befehl *update* eine erneute Prüfung des gesamten Regelwerks initiiert, die eine Ausführung der Regel 1.2 bewirkt.

Die exemplarische Umsetzung der XOR-Knotenverarbeitung (vgl. Kapitel 6.9, Abbildung 6.27) ist in Abbildung 10.8 dargestellt. Die Schleife im Ausführungsteil ermöglicht hierbei den Zugriff auf alle unterlagerten Elemente des entsprechenden XOR-Knotens.

```
rule "3.6_xor-up_uncheck"

when

gAnd1: GenericAND((getActivationState() == ActivationState.INACTIVE) && (getRequestState() ==
RequestState.IDLE) )
gAnd2: GenericAND((getActivationState() == ActivationState.INACTIVE) && (getLockedState() ==
LockedState.LOCKED) )
gXor:  GenericXOR((getActivationState() == ActivationState.ACTIVE) && (getRequestState() ==
RequestState.CHANGE)
&& (nodes contains gAnd1) && (nodes contains gAnd2) && (!(gAnd1.equals(gAnd2))))

then
  System.out.println("executing rule: " + drools.getRule().getName());
gXor.setActivationState(ActivationState.INACTIVE);
gXor.setRequestState(RequestState.IDLE);

for(int i=0; i<gXor.getNodes().size(); i++)
{
    GenericNode genNode = (GenericNode)gXor.getNodes().get(i);
    genNode.setLockedState(LockedState.UNLOCKED);
genNode.setRequestState(RequestState.IDLE);
update(genNode);
}

update (gXor);

end
```

Abbildung 10.8: Beispiel 2: Implementierung der Regel 3.6 mit Drools

Example 2: Implementation of the rule 3.6 using Drools

Anhang A5: Algorithmus zur Identifikation der erforderlichen Konfiguration in QVTo

Algorithm for the Identification of the Required Configuration using QVTo

In Kapitel 6.10 wurden drei Fälle zur Identifikation der einzustellenden Konfiguration im jeweiligen CAx System beschrieben, von denen Fall 1 vollständig für die im Demonstrator genutzten CAx Werkzeuge implementiert wurde. Abbildung 10.9 zeigt einen Ausschnitt des Transformationsskripts für die Disziplin MCAD in QVTo.

Die dargestellte Funktion ermittelt die entsprechende Konfiguration der Wurzelbaugruppe und liefert diese zurück. Hierfür werden zunächst alle ausgewählten Komponenten im Konfigurationsmodell des MCAD Zweigs ausgelesen (vgl. auch das zugrundeliegende Metamodell aus Kapitel 6.8; Abbildung 6.24), indem der *Checked-State* ausgewertet wird (1). Im disziplinspezifischen Metamodell werden daraufhin alle Wurzelkonfigurationen durchlaufen (2) und alle unterlagerten Komponenten in einem Lookup-Table gespeichert (3). Durch Vergleich der Mengen wird die jeweilige Konfiguration ermittelt und zurückgegeben (4).

```
query RootCmp::findRootCfg() : String{

var matchingRootCfg : String := '';
var subCmpSpecs : Set(SubCmpSpec);
var genAssets : Set(GenericAsset);
var checkedAssets : Bag(String);
var cfgSpecsStr : Dict(String, Bag(String));

(1) checkedAssets := source2.objects()[Project]->select(y | y.caxType.type = 'MCAD')->asSequence()
->first().allSubobjectsOfType(GenericAsset).oclAsType(GenericAsset)->asBag()->select(z |
z.checkedState = CheckedState::CHECKED and not z.superAsset.oclIsInvalid()).name;

checkedAssets := checkedAssets -> reject(x | x = null);

(2) self.rootCfg->forEach(rc){

  var subCmpSpecsStr : Bag(String);
(3) rc.allSubobjectsOfType(SubCmpSpec)->asBag()->oclAsType(SubCmpSpec)->asBag()->forEach(scs){
      subCmpSpecsStr += shortName(scs.name, '/');
  };

  cfgSpecsStr->put(rc.name, subCmpSpecsStr);

};

cfgSpecsStr->keys()->forEach(k){

(4) if(cfgSpecsStr->get(k)->asBag() = checkedAssets->asBag()) then{

    matchingRootCfg := k;
    break;
  }
  endif;

};

 return matchingRootCfg;
}
```

Abbildung 10.9: Ermitteln der zu aktivierenden MCAD Konfigurationen (Anwendungsfall 1)

Identification of the MCAD configurations to be activated (use case 1)

Analog zu diesem Beispiel wurde die Funktion zur Rücktransformation der ECAD Daten in QVTo implementiert. Hierbei wird für jede Option überprüft, ob alle durch sie referenzierten Funktionen im Konfigurationsbaum enthalten sind. Ist dies der Fall, wird eine Query (ActionType: SET, CommandType: CONFIGURATION, CommandParameter[0]: OptionsGroup, CommandParameter[1]: Option) erzeugt und der RequestMessage angehängt.

Anhang B1: Synchronisiertes Konfiguieren

Synchronized Configuration

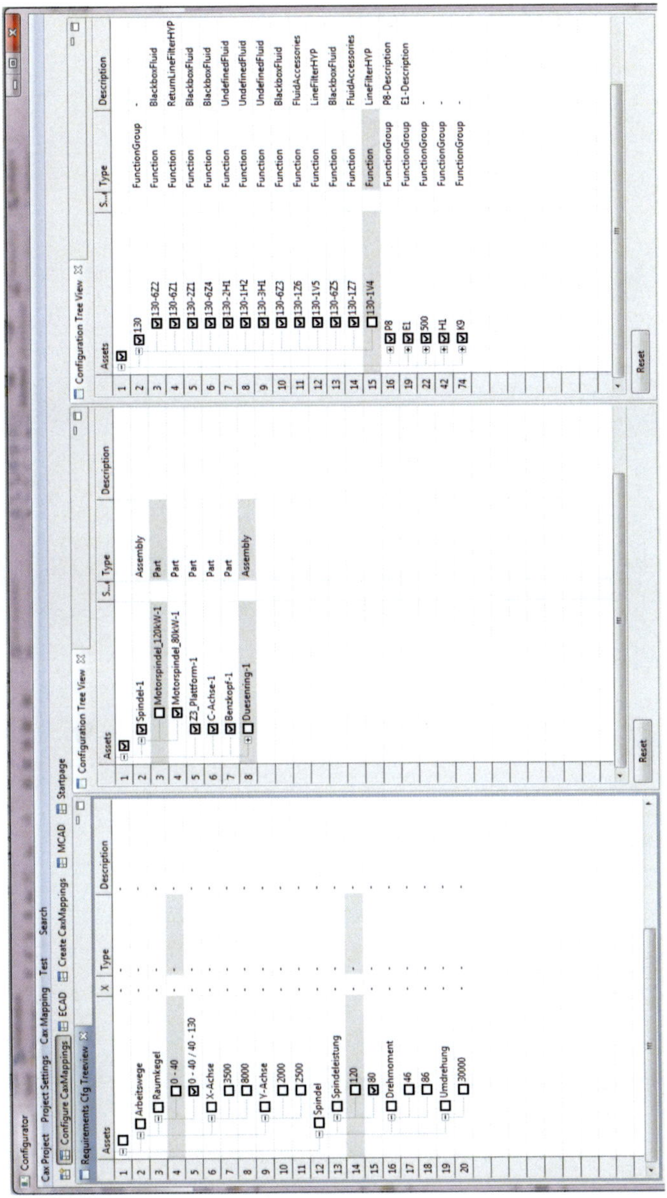

Abbildung 10.10: Synchronisiertes Konfigurieren für die Variante „Winkelfräskopf"

Synchronised configuration for the variant "Angular Head"

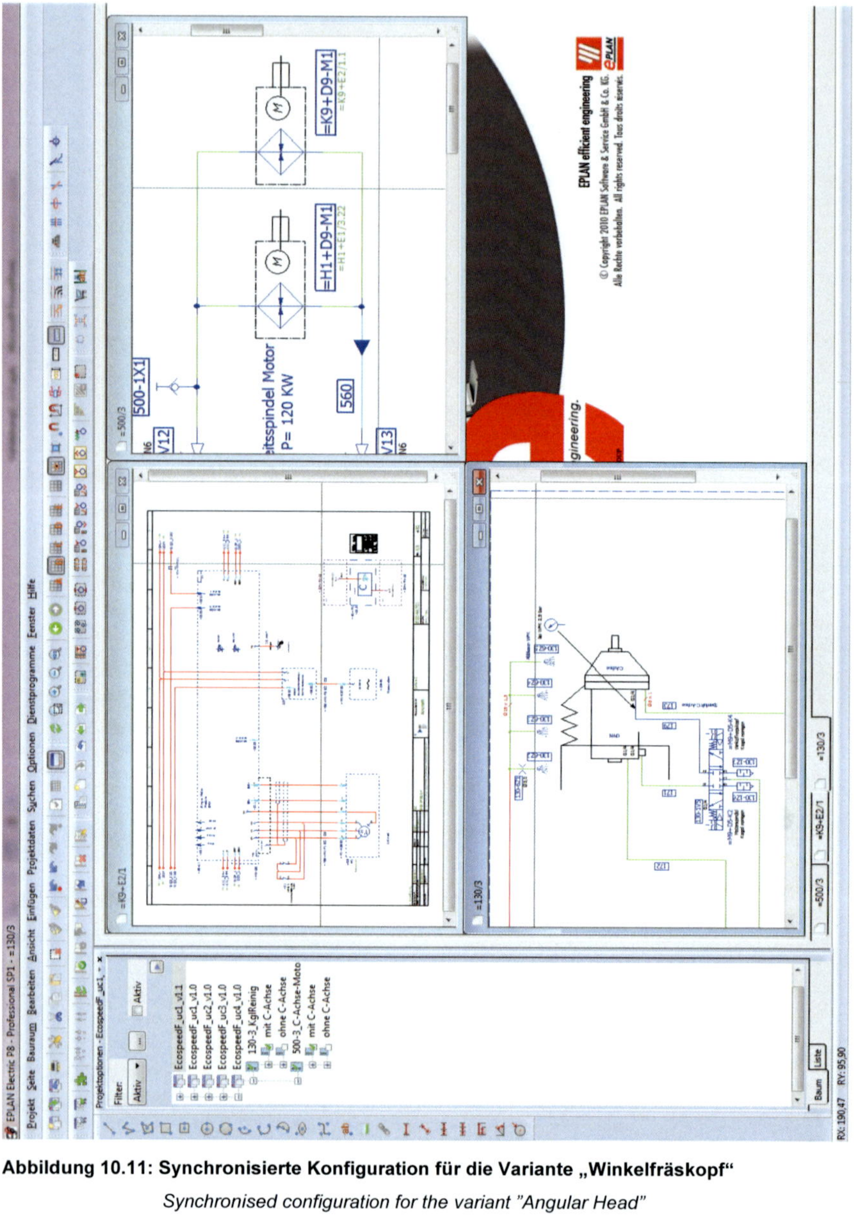

Abbildung 10.11: Synchronisierte Konfiguration für die Variante „Winkelfräskopf“

Synchronised configuration for the variant "Angular Head"

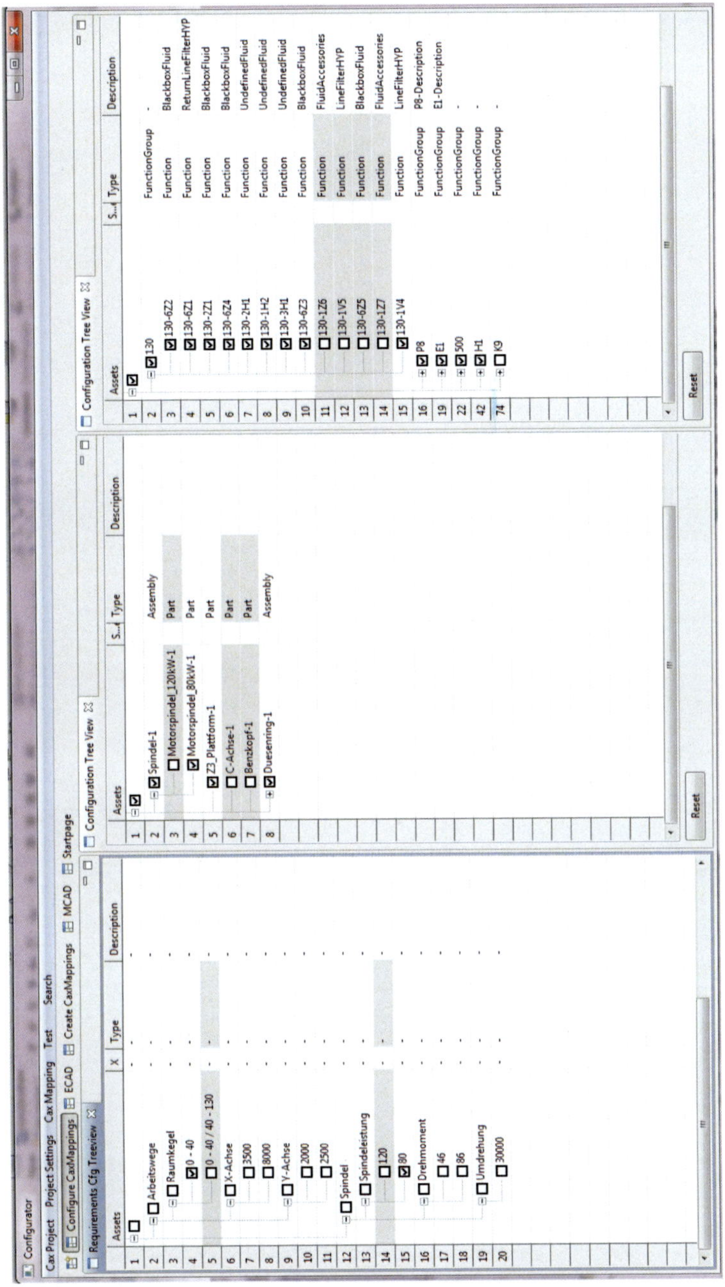

Abbildung 10.12: Synchronisierte Konfiguration für die Variante „Standard“

Synchronized configuration for the variant "Standard"

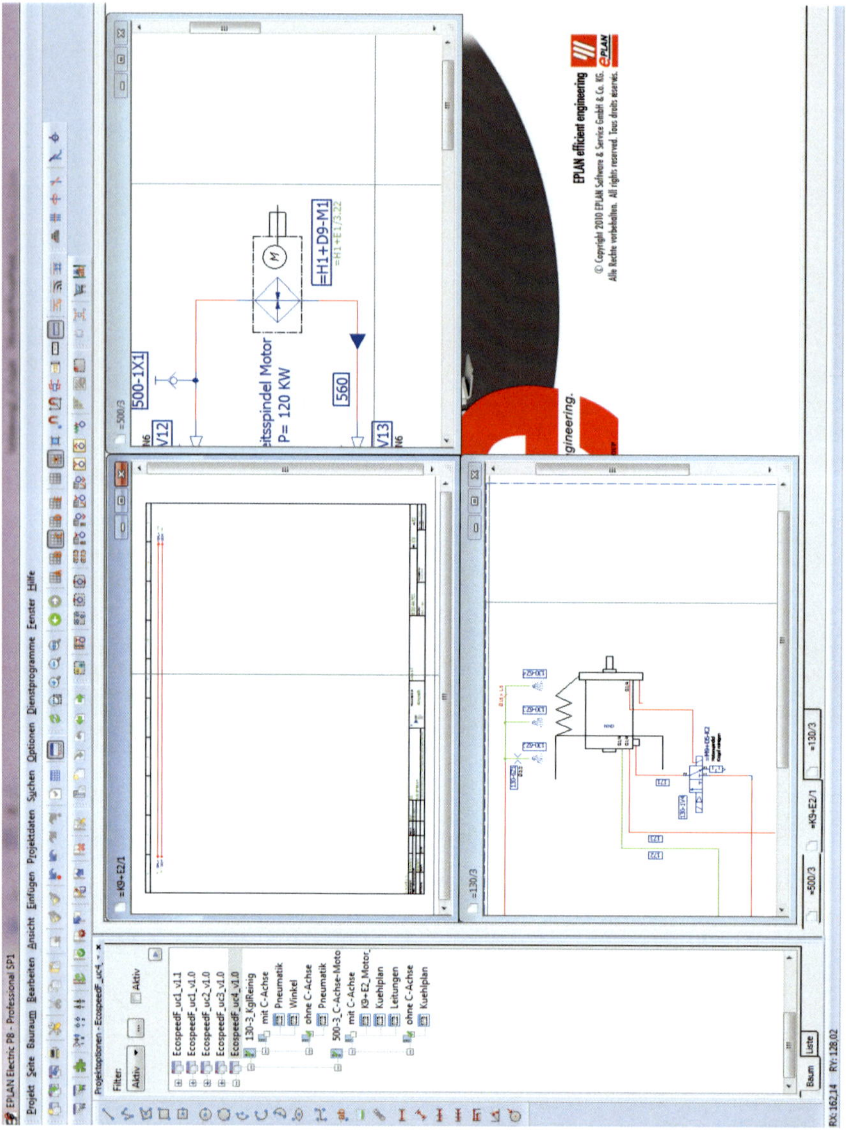

Abbildung 10.13: Synchronisierte Konfiguration für die Variante „Standard"

Synchronized configuration for the variant "Standard"

Anhang B2: Extrahierte Cross-Tree-Relations

Extracted Cross-Tree-Relations

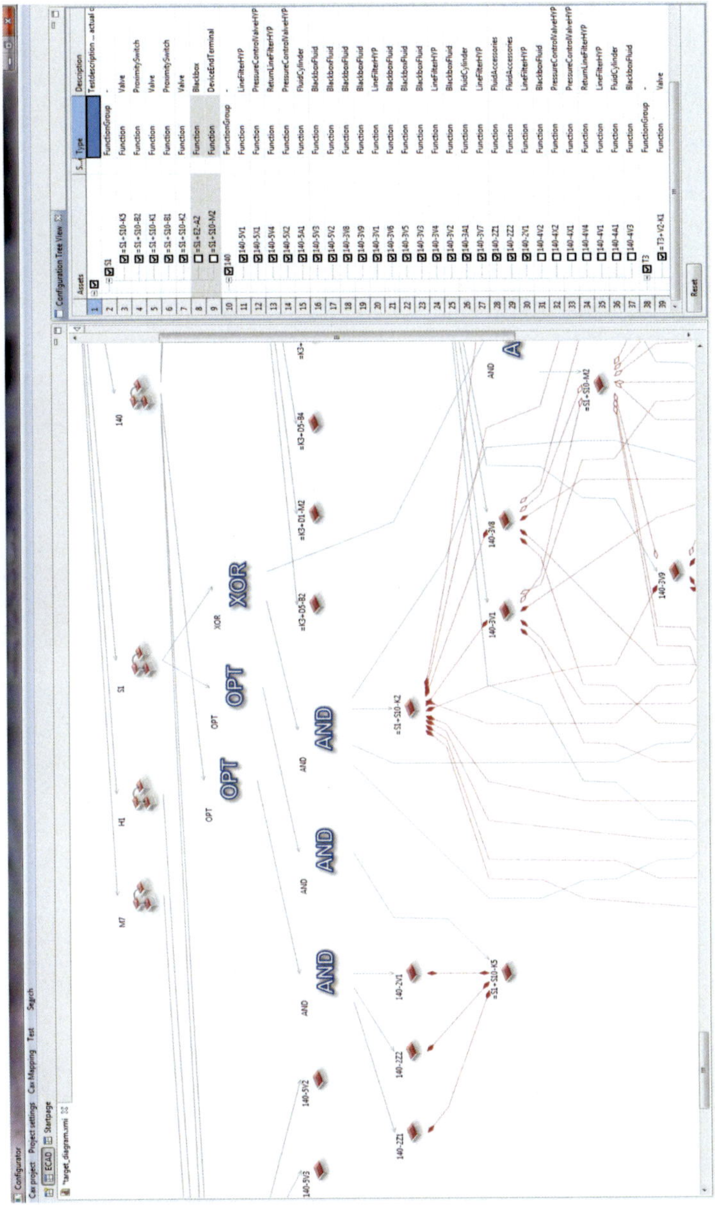

Abbildung 10.14: Ausgelesenen und angewandte Cross-Tree-Relations

Extracted and applied cross-tree-relations

In der Reihe **Ergebnisse aus der Produktionstechnik** zuletzt erschienen:

Trauth, Daniel Harald:
Tribology of Machine Hammer Peened Tool Surfaces for Deep Drawing
ISBN: 978-3-86359-424-4
Erscheinungsdatum: 18.05.2016

Kühn, Thomas Alexander:
Lebenszyklusorientierte Leistungssysteme im Werkzeugbau
ISBN: 978-3-86359-425-1
Erscheinungsdatum: 29.04.2016

Karlberger, Andreas:
Konzept zur disziplinübergreifenden Konfiguration in CAx Systemen durch automatisch extrahierte Merkmalsmodelle
ISBN: 978-3-86359-416-9
Erscheinungsdatum: 26.04.2016

Vogtel, Patrik:
Außenräumen von Nickelbasislegierungen mit Hartmetall-Werkzeugen
ISBN: 978-3-86359-421-3
Erscheinungsdatum: 26.04.2016

Nobel, Christoph:
Drehbearbeitung bleiarmer Kupfer-Zink-Legierungen
ISBN: 978-3-86359-413-8
Erscheinungsdatum: 18.04.2016

Gaudlitz, Franz:
Steigerung der Robustheit von Qualitätsmanagementsystemen mittels des System-Dynamics-Ansatzes
ISBN: 978-3-86359-409-1
Erscheinungsdatum: 01.04.2016

Frank, Sascha Jürgen:
Mechanismen der Nahtfehlerentstehung beim Laserstrahlhartlöten
ISBN: 978-3-86359-407-7
Erscheinungsdatum: 01.04.2016

Bernhardt, Frank:
Entwicklung eines Verschleißmodells auf Basis der Degradationsmechanismen von Platin-Iridium-Beschichtungen beim Glaspressen
ISBN: 978-3-86359-411-4
Erscheinungsdatum: 16.03.2016

Aryobsei, Abassin:
Integrierte Produkt- und Werkzeugentwicklung durch Gestaltung von Freiheitsgraden
ISBN: 978-3-86359-404-6
Erscheinungsdatum: 02.03.2016

Maue, Andreas:
Aufwandsorientierte Gestaltung des Produktionsanlaufs am Beispiel der Automobilproduktion
ISBN: 978-3-86359-400-8
Erscheinungsdatum: 23.02.2016

Edition Wissenschaft
Apprimus

Rasim, Matthias:

Modellierung der Wärmeentstehung im Schleifprozess in Abhängigkeit von der Schleifscheibentopographie

ISBN: 978-3-86359-393-3
Erscheinungsdatum: 17.02.2016

Hienzsch, Martin:

Bewertungsmodell für die lebenszykluskostenorientierte Leistungsfähigkeit von Werkzeugbaubetrieben am Beispiel von Spritzgießwerkzeugen

ISBN: 978-3-86359-385-8
Erscheinungsdatum: 11.02.2016

Aleksic, Saša:

Nachhaltige Weiterentwicklung von modularen Produktarchitekturen durch Release-Management

ISBN: 978-3-86359-397-1
Erscheinungsdatum: 03.02.2016

Froitzheim, Thomas:

Modell für die kommunikationsorientierte Beschreibung und Bewertung von Geschäftsprozessen

ISBN: 978-3-86359-390-2
Erscheinungsdatum: 20.01.2016

Nowacki, Christoph:

Szenariobasierte Konfiguration der Produktmixflexibilität am Beispiel der Fertigung einer Lithium-Ionen-Batteriezelle

ISBN: 978-3-86359-387-2
Erscheinungsdatum: 18.01.2016

Brockmann, Matthias:

On the Use of Potential Theory for Thermal Modeling in Metal Cutting

ISBN: 978-3-86359-391-9
Erscheinungsdatum: 13.01.2016

Buchkremer, Stefan:

Predictive Tool and Process Design for Efficient Chip Control in Metal Cutting

ISBN: 78-3-86359-384-1
Erscheinungsdatum: 16.12.2015

Riesener, Michael:

Ähnlichkeitsbasierte Produktkonfiguration im Maschinenbau

ISBN: 978-3-86359-383-4
Erscheinungsdatum: 09.12.2015

Terhorst, Michael:

Solid Forward Extrusion Hybridized with Direct Resistance Heating

ISBN: 978-3-86359-376-6
Erscheinungsdatum: 20.11.2015

Löpenhaus, Christoph:

Untersuchung und Berechnung der Wälzfestigkeit im Scheiben- und Zahnflankenkontakt

ISBN: 978-3-86359-374-2
Erscheinungsdatum: 17.11.2015

Edition Wissenschaft
Apprimus